プログラミング学習シリーズ

Python

パイソン

三谷 純 著

ゼロからはじめるプログラミング

本書内容に関するお問い合わせについて

このたびは翔泳社の書籍をお買い上げいただき、誠にありがとうございます。弊社では、読者の皆様からのお問い合わせに適切に対応させていただくため、以下のガイドラインへのご協力をお願い致しております。下記項目をお読みいただき、手順に従ってお問い合わせください。

●ご質問される前に

弊社Webサイトの「正誤表」をご参照ください。これまでに判明した正誤や追加情報を掲載しています。

正誤表　https://www.shoeisha.co.jp/book/errata/

●ご質問方法

弊社Webサイトの「刊行物Q&A」をご利用ください。

刊行物Q&A　https://www.shoeisha.co.jp/book/qa/

インターネットをご利用でない場合は、FAXまたは郵便にて、下記"翔泳社 愛読者サービスセンター"までお問い合わせください。

電話でのご質問は、お受けしておりません。

●回答について

回答は、ご質問いただいた手段によってご返事申し上げます。ご質問の内容によっては、回答に数日ないしはそれ以上の期間を要する場合があります。

●ご質問に際してのご注意

本書の対象を越えるもの、記述個所を特定されないもの、また読者固有の環境に起因するご質問等にはお答えできませんので、あらかじめご了承ください。

●郵便物送付先およびFAX番号

送付先住所　〒160-0006　東京都新宿区舟町5
FAX番号　03-5362-3818
宛先　(株)翔泳社 愛読者サービスセンター

はじめに

Pythonは親しみやすいプログラミング言語の1つであり、学校や企業などでプログラミングを学習するための言語として広く普及しています。それは、Pythonがすぐにプログラムを書き始めることができるスクリプト言語であり、文法もシンプルなため初級者にも取り組みやすいという特徴があるからです。さらに、データ解析や画像処理、人工知能（AI）の研究などサイエンス分野に用いられることも多く、幅広い用途で使用できる汎用性のある言語でもあります。

インターネット上にもサンプルコードなどの情報が豊富にあるため、他の言語よりも容易に使えるようになりますが、どうしてもその背景にあるプログラミングの基礎として重要なことを学ばずに先に進んでしまいがちです。基礎をしっかり学ばないままだと、あとで高度なことを行おうとしたときにつまずいたり、他の言語を学習するときに理解が難しかったりする恐れがあります。

そのため本書では、**プログラミング言語Pythonを学習して使えるようになることに加えて、プログラミングの基礎をしっかり習得することにも重点を置いています**。プログラミングについて深く学習するうえで、きちんと理解しておくべき用語とその意味も説明しています。本書を通して学習した内容は、より高度な内容に取り組むとき、そしてPython以外のプログラミング言語を学習する際にも、きっと役に立つでしょう。

また、プログラミングの経験のない初学者の方でもスムーズに読み進めることができるよう、基礎的な内容から順を追って丁寧な解説を心がけています。さらに、これまでにJava言語やC言語など、異なる言語を学習済みの方にとっても役立つよう、Pythonを学ぶうえでポイントとなる項目を深く詳しく実例を交えて説明しています。

たとえば、発展と応用の章では、テキストファイルの読み書き、データからのグラフの作成、画像処理、Webスクレイピングなど、Pythonが広く使われている分野での応用例を外部のライブラリを活用する方法を交えて紹介しています。Pythonが魅力的な言語である理由の1つに、外部のライブラリが充実していることが挙げられます。実用的なプログラムを作るためには、このようなライブラリを柔軟に使えるようになることが大切です。

本書は、Pythonによるプログラムの作成を、読んで理解できるように十分配慮して構成していますが、**プログラミングを学習するうえでは実際にプログラムコードを書き、それを動作させてみることが重要**です。本書のサンプルコードを、ぜひ自身の手で入力して、プログラムを実行してみましょう。サンプルコードの一部を変更することで、実行結果がどのように変化するか確認してみることもぜひ行ってください。きっとプログラムの作り方を深く理解できるようになるでしょう。

Pythonを用いたプログラミングの基本の習得に本書を活用いただければ幸いです。

三谷 純

本書について

本書は、プログラミング学習シリーズのPython編です。同シリーズの趣旨として、初心者でも無理なくプログラミング言語Pythonとプログラミングの基礎力を養えるように配慮しています。条件分岐や繰り返し処理を行うための基本構文から、オブジェクト指向の概念の理解まで、具体例とともに、わかりやすい言葉で、なおかつできるだけ正確に説明することを心がけています。サンプルコードには、その内容に関する説明を付加しているので、プログラムの意図を理解するうえで役立つことでしょう。また、各章末には学習した大切なポイントをおさらいする練習問題を用意しています。巻末の付録には問題の解答を収録していますので、学習の到達度の確認に役立ててください。

本書は独習書としてはもちろん、大学、専門学校、企業での新人研修などの場でも利用できるように配慮しています。

本書の対象となる読者

- パソコンを使うことはできるけれど、今までプログラミングを学習したことがない人
- 大学、専門学校、企業などでPythonを学ぶための教科書を探している人
- Pythonを体系的にきちんと勉強したいと考えている人
- 大学、専門学校、企業の教育部門などでPythonによるプログラミングを教える立場の人

本書での学習にあたって

本書では、Pythonによるプログラムの構成と、プログラムを実行するための方法について習得した後、具体的なサンプルコードを示しながら学習を進めていきます。Pythonの学習にあたって重要なのは、次の2つです。

- 自分の手でプログラムコードを書くこと
- プログラムを実行して動作を知る・理解すること

学習の効率をアップさせるために、できるだけ本書で示すサンプルコードを実際に入力・実行して試しながら読み進めてください。サンプルコードに含まれる数値を変更するなど、自分なりに手を加えてみて、その変更が結果にどのような影響を与えるか、いろいろと試してみましょう。

付録A（Windows）／付録B（macOS）を参考にして、学習用に、自分のパソコンにPythonをインストールし、プログラムを作成するための準備を整えておきましょう。

サンプルのダウンロードについて

本書に掲載しているサンプルコードは、次のWebサイトからダウンロードできます。

https://www.shoeisha.co.jp/book/download/9784798169460

サンプルコードはZip形式で圧縮されており、解凍すると次のようなフォルダ構成になっています。

readme.txtファイル

サンプルコードの内容、注意点についてまとめています。ご利用になる前に必ずお読みください。

samplepyフォルダ

本書に掲載しているサンプルコードをPythonスクリプト（拡張子`.py`）の形式で収録しています。これを参照したり実行したりするには、付録A・Bを参照してください。

ご注意ください

株式会社翔泳社

本書のサンプルコードは、通常の運用においては何ら問題ないことを編集部では確認しておりますが、運用の結果、いかなる損害が発生したとしても著者、ソフトウェア開発者、株式会社翔泳社はいかなる責任も負いません。

samplepyフォルダに収録されたファイルの著作権は、著者が所有します。ただし、読者が個人的に利用する場合においては、ソースコードの流用や改変は自由に行うことができます。

なお、個別の環境に依存するお問い合わせや、本書の対応範囲を超える環境で設定された場合の動作や不具合に関するお問い合わせはお受けいたしかねます。ご了承ください。

目 次

ワン・モア・ステップ！

Column

Pythonに触れる

プログラムとプログラミング言語
Pythonに触れる
出力
変数

Python

この章のテーマ

　プログラムとは、コンピュータへの命令を記述したものです。この章では、Pythonの対話モードでプログラムを実行することを学習します。また、簡単なプログラムの例を通して、出力と変数というプログラムの基本となる概念について学びます。

1-1　プログラムとプログラミング言語

- プログラムとは何か
- プログラミング言語とPython
- プログラムコードが実行されるまで

1-2　Pythonに触れる

- Pythonの実行方法
- 対話モードでの実行
- プログラムコードのルールとエラー

1-3　出力

- 画面へ文字列を出力する
- シングルクォーテーション（'）とダブルクォーテーション（"）

1-4　変数

- 変数への値の代入
- 代入の正確な説明
- 値を確認する
- 値を変更する

1-1 プログラムとプログラミング言語

学習のポイント

- プログラムと、プログラムの作成で使用するプログラミング言語とは何かを学びます。
- Pythonというプログラミング言語の特徴を知ります。

プログラムとは何か

コンピュータは、私たちの日常生活になくてはならないものとなっています。皆さんが普段使っている携帯電話やゲーム機はもちろん、家電製品や自動車などにもコンピュータが組み込まれています。また、私たちの目に見えないところで無数のコンピュータがインターネットに接続され、便利なサービスを提供しています。電子メールの送受信やWebサイトの閲覧などは、そうしたサービスの代表的なものです。また、AI（Artificial Intelligence：人工知能）など最先端の科学技術にコンピュータは不可欠です。

コンピュータがこうした仕事を行えるのは、コンピュータに適切な命令(めいれい)が与えられているからです。この「命令を記述したもの」をプログラムといいます。コンピュータは、プログラムで与えられた命令を忠実に実行(じっこう)していく機械なのです。プログラムを与えられなかったら、コンピュータは何も仕事ができません。コンピュータにさせたい仕事をプログラムにすることをプログラミングといいます。

コンピュータのプログラムは、ソフトウェアと呼ばれることがあります。これに対して、プログラムを実行するコンピュータやその周辺機器のことはハードウェアと呼ばれることがあります（図❶-1）。ゲームをはじめ、ワープロや表計算、電子メール、Webブラウザなど、コンピュータの利用者が直接使うソフトウェアを総称してアプリケーションともいいます（注❶-1）。

KEYWORD

- 命令
- プログラム
- 実行
- プログラミング
- ソフトウェア
- ハードウェア
- アプリケーション

注❶-1

コンピュータの利用者からは存在が気づかれにくいソフトウェアもたくさんあります。たとえば、縁の下の力持ちとしてアプリケーションの実行を助けるオペレーティングシステムもソフトウェアの1つで、WindowsやmacOS、Androidなどがあります。

図❶-1 プログラム・ソフトウェア・ハードウェア

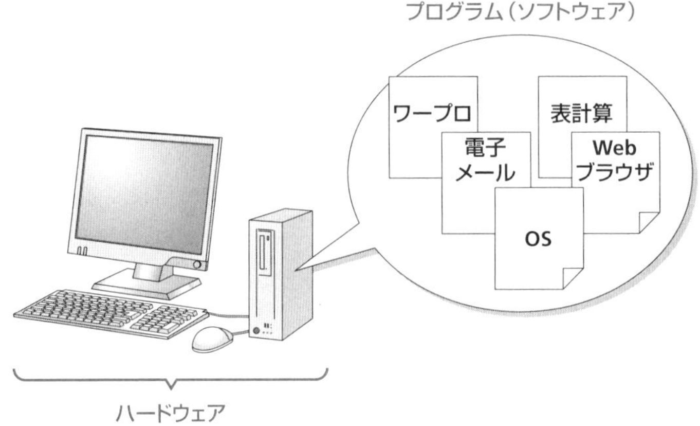

プログラミング言語とPython

コンピュータに対する命令を記述するには、専用の言語を使います。日本語でコンピュータに命令を与えることができたらとても便利でしょうが、残念ながら、私たちが日常使っている言葉で直接コンピュータに命令することはできません。

そのため、コンピュータに命令を与えるための専用言語が、これまでにたくさん作り出されてきました。たとえば、C/C++言語、PHP言語、C#言語、Ruby言語、Java言語などはその一部です（注❶-2）。本書で学習するPython（パイソン）は、これらと同じく、プログラムを作るために考案された専用言語の1つです。このような言語をプログラミング言語（げんご）といいます。

私たちは、プログラミング言語を使ってコンピュータに対する命令を記述します。つまり、私たちがプログラミング言語の1つであるPythonを学習し、命令を記述できるようになれば、先に挙げたようないろいろなことをコンピュータに行わせることができるのです。プログラミング言語ごとに、処理速度や、応用範囲の広さ、機能の豊富さなどにより活用される分野が異なりますが、Pythonは習得が容易で応用範囲の広い言語として、データ解析や機械学習（注❶-3）などデータサイエンスの分野で幅広く使用されています。

プログラムを、プログラミング言語で書き表したものをプログラムコードといいます（注❶-4）。ここで、Pythonのプログラムコードがどのようなものなのか見てみましょう。List❶-1は、1から100までの整数を順番に足し合わせて、その

注❶-2
機械の制御やインターネット上のサービスの提供、数値計算など、プログラミング言語にはそれぞれ得意分野があります。

KEYWORD
- Python
- プログラミング言語
- プログラムコード

注❶-3
人工知能（AI）に関わる技術の1つです。

注❶-4
プログラムコードは、ソースコード、あるいは単にコードと呼ばれることがあります。

結果を画面に表示するプログラムのプログラムコードです（注❶-5）。

注❶-5
左端に青字で記した数字はプログラムコードを見やすくするために本書で追加した行番号です。実際のプログラムコードには含まれません。

List❶-1 1-01/example.py

```
total = 0
for i in range(1, 101):
    total += i
print(total)
```

プログラムコードに書いてある英単語や記号の意味は、これから1つずつ学んでいきます。まずは、このようなプログラムコードを書けばコンピュータに命令を与えられるのだ、と思ってください。

基本的に、プログラムコードは英単語（半角アルファベット）と数字と記号を使って記述します（注❶-6）。とはいえ、覚えなくてはならない単語の数はそれほど多くないので、英語が苦手だという方も心配しなくて大丈夫です。プログラミングが上達するためには、暗記することよりも、**基本をしっかり理解して、必要に応じて自分で調べられることが大切です。**

注❶-6
Pythonのプログラムコードの記述には原則として英単語が用いられますが、プログラムコードは英語の文章ではありません。命令を記述することを目的とした文法が定められています。

プログラムコードが実行されるまで

KEYWORD
- 機械語
- 中央処理装置
- CPU
- コンパイル
- コンパイラ
- コンパイラ方式
- インタプリタ方式

作成したプログラムコードは、0と1だけを使って表現される**機械語**と呼ばれる言葉に変換されてから、コンピュータ内部の**中央処理装置（CPU）**で実行されます。プログラムコード全体を一括でまとめて機械語に変換することを**コンパイル**といい、変換を行う専用のプログラムのことを**コンパイラ**といいます。このように、プログラムコードをコンパイルしてから実行する方式を**コンパイラ方式**といいます（図❶-2上段）。一方で、プログラムコードの内容を上から順番に機械語に変換しながら命令を実行する方式を**インタプリタ方式**といいます（図❶-2下段）。

図❶-2 コンパイラ方式とインタプリタ方式の命令実行方式の違い

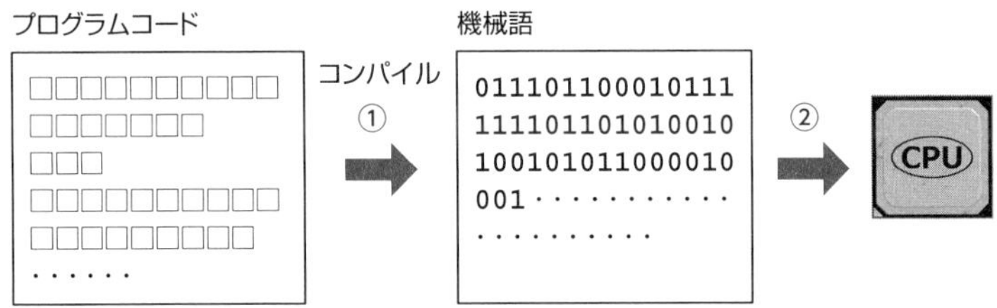

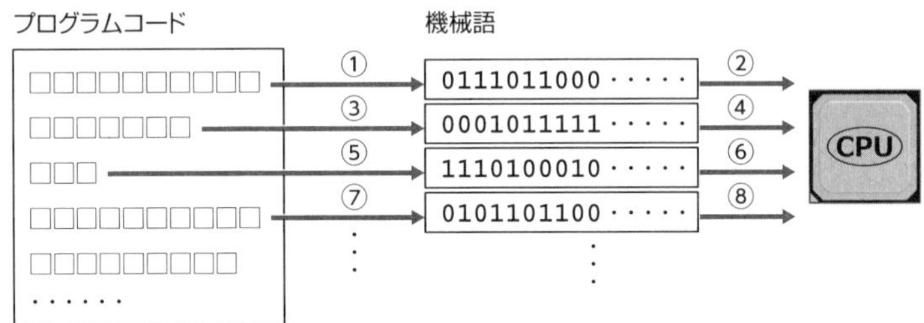

Pythonはインタプリタ方式を採用しています。インタプリタ方式は、コンパイルの作業が不要なため、変更が容易で手軽に実行できるという利点があります（注❶-7）。一方で、コンパイラ方式よりも実行速度が遅いという欠点があります。

注❶-7
実際には、バイトコードと呼ばれる、プログラムコードと機械語の中間的な言語に変換を行ってから実行されるので、インタプリタ方式でもコンパイラ方式でもない、中間言語方式の言語だということもあります。

コンパイラ方式とインタプリタ方式の違いをまとめると、表❶-1のようになります。

表❶-1 コンパイラ方式とインタプリタ方式の違い

方式	特徴	プログラミング言語の例
コンパイラ方式	・一度に機械語に変換する ・実行速度が速い ・OSやCPUが異なる場合には、コンパイルしなおす必要がある	C/C++言語 FORTRAN
インタプリタ方式	・順番に機械語に変換しながら実行する ・実行速度が遅い ・変更が容易で、手軽に実行できる	Python JavaScript Ruby

登場した主なキーワード

- **プログラム**：コンピュータに与える命令を記述したもの。
- **プログラミング言語**：プログラムを作成するときに使用する言語。
- **プログラムコード**：プログラムを、プログラミング言語を使って書いたもの。
- **機械語**：0と1だけを使って表現される命令文。
- **コンパイル**：プログラムコードを機械語に変換すること。
- **コンパイラ**：コンパイルを行うための専用プログラム。

まとめ

- プログラムとは、コンピュータに対する命令を記述したものです。
- 私たちがPythonというプログラミング言語を理解し、プログラムコードを記述できるようになれば、コンピュータに命令を与えられるようになります。
- プログラムコードを上から順番に機械語に変換しながら実行する方式をインタプリタ方式といいます。
- Pythonはインタプリタ方式を採用しています。

1-2 Pythonに触れる

学習のポイント

- インタラクティブシェルで、Pythonのプログラムコードを記述し、実行する方法を学びます。
- 簡単な演算と、文字列の扱いを体験します。
- プログラミングの基本的なルールを知ります。

Pythonの実行方法

Pythonでプログラムを実行するには、次の2通りの方法があります。

① プログラムコードを1行ずつ与え、そのつど実行させる
② プログラムコードを記述したファイル(注❶-8)を作成し、そのファイルを与えて実行させる

注❶-8
拡張子が「.py」、文字コードがUTF-8のテキストファイルにします。

①の方法は、小さなプログラムを気軽に実行する用途に便利です。プログラムコードを1行記述するたびに実行されるので、すぐに結果を確認できます。この方法を対話(たいわ)モードまたはインタラクティブモードといいます。対話モードは、インタプリタ方式の言語だからこそ実現できる方法で、Pythonの練習をするのに適しています。

KEYWORD
●対話モード
●インタラクティブモード

②の方法は、プログラムコードを記述したファイルを作成してから実行するというもので、他のプログラミング言語にも共通する一般的な方法です。プログラムコードをファイルに保存することで、パソコンを再起動した後でも、再び同じプログラムを実行できます。ファイルを共有することで、異なるコンピュータで同じ処理を行うことができます。

本書の第2章までは、①の対話モードでの実行例を通して説明を行います。第3章以降は、②のプログラムコードをファイルに保存して実行することを想定した説明も含まれるようになります。

対話モードでの実行

KEYWORD
●インタラクティブシェル

対話モードでPythonのプログラムを実行するには、インタラクティブシェルを使用します（画面❶-1）。

画面❶-1 WindowsのPowerShellでインタラクティブシェルを起動した様子

```
Windows PowerShell
Copyright (C) Microsoft Corporation. All rights reserved.

新しいクロスプラットフォームの PowerShell をお試しください https://aka.ms/pscore6

PS C:¥Users¥jmita> python
Python 3.9.2 (tags/v3.9.2:1a79785, Feb 19 2021, 13:44:55) [MSC v.1928 64 bit (AMD64)] on win32
Type "help", "copyright", "credits" or "license" for more information.
>>>
```

KEYWORD
●コンソール
●プロンプト

インタラクティブシェルの起動方法は付録A（244ページ）で説明しています。インタラクティブシェルが実行される画面のことをコンソールと呼びます。

インタラクティブシェルを起動すると、次のような記号がコンソールに表示されます。

```
>>>
```

この記号はプロンプトといい、この後ろにプログラムコードが入力されるのを、コンピュータが待機している状態を表します。

■電卓のように使用する

はじめに、インタラクティブシェルを電卓のように使用してみましょう。プロンプトの後ろに、

```
12 + 34
```

と入力し、最後に Enter キーを押してみます（注❶-9）。

すると、次のような実行結果が得られます。

```
>>> 12 + 34   ←最後にEnterキーを押します
46
```

Enter キーを押すと、すぐに結果が表示されました。このように命令を実行し

注❶-9
「+」記号の前後の空白はあってもなくてもかまいません。空白を入れずに12+34としても結果は同じです。

た結果がコンソールに表示されることを結果が出力(しゅつりょく)されるといいます。

KEYWORD
●出力

この例の示し方のように、本書では対話モードで実行するプログラムコードを紹介するときには、>>>というプロンプトも併せて示します。また、プログラムを実行した結果、画面に出力されるものを青字で示します。

引き算も同じようにできます。

```
>>> 45 - 12
33
```

掛け算と割り算も試してみましょう。掛け算には*記号を使用します。

```
>>> 15 * 10
150
```

割り算には/記号を使用します(注❶-10)。

注❶-10
Pythonで使用できる演算と、そのための記号は29ページ「算術演算」で説明しています。

```
>>> 90 / 2
45.0
```

次のように括弧や複数の演算を組み合わせた計算も行えます。数字をいろいろ変えて実験してみましょう。一般的な数学の式と同じで、括弧の中の計算が先に行われます。掛け算と足し算では、掛け算が先に計算されます(注❶-11)。

注❶-11
算術演算の優先順位は31ページ「算術演算子の優先順位」で説明しています。

```
>>> 10 * (7 - 2) + 5
55
```

■文字列を扱う

続いて、文字列を扱う例を試してみましょう(注❶-12)。プロンプトに続けて、print('Hello, Python.')と入力してみます。

注❶-12
文字列とは、文字が1つ以上連なってできる文字の列のことです。詳しくは38ページ「2-2 文字列の扱い」で説明します。

```
>>> print('Hello, Python.')
Hello, Python.
```

Hello, Pythonという文字列が出力されました。print()は、文字列を出力するための命令を与えるものなのです。

```
print('出力したい文字列')
```

というようにして、他の文字列でも試してみましょう。出力したい文字列の前後をシングルクォーテーション（'）で囲うことに注意しましょう。

いまはこれが何の役に立つのかわからないと思いますが、文字列を出力することは今後プログラミングを学習するうえで大事なものです。

この`print()`を用いた出力については、次節でも引き続き説明を行います。

■インタラクティブシェルの終了

インタラクティブシェルを終了するには、

```
quit()
```

または、

```
exit()
```

と入力します。

プログラムコードのルールとエラー

ここで、Pythonのプログラムコードを書く際に守るべき、以下のルールを知っておきましょう。

- プログラムコードは半角英数字と半角記号を使用して記述する（注❶-13）
- プログラムコードの中の大文字と小文字は区別される

上記のルールに従わないと、プログラムコードが適切に解釈されずにエラーが発生し、そのエラーに関するメッセージ（エラーメッセージ）が表示されます。たとえば、次の実行結果は`print`とすべて小文字で記述すべきところを、先頭を大文字にして`Print`と入力してしまった場合の例です。

注❶-13
`print('こんにちは')`のように、シングルクォーテーションで囲まれた文字列には日本語（全角文字）を使用することもできます。17ページで紹介する変数名にも日本語を使えますが、慣習として、必要なとき以外は半角英数字と記号を使用することが多いです。

KEYWORD
●エラー
●エラーメッセージ

printはすべて小文字にすべきですが、先頭のpを大文字にしてしまっています
エラーの場所を示しています。プログラムコードは1行しかないのでエラーの場所はline 1（1行目）です
先頭が大文字のPrintは正しく解釈できないためにエラーとなっています

```
>>> Print('Hello, Python.')
Traceback (most recent call last):
  File "<stdin>", line 1, in <module>
NameError: name 'Print' is not defined
```

エラーメッセージは英語で示されますが、エラーが発生したときには頑張ってその内容を読むようにしましょう。**問題点を知るための重要な情報がメッセージの中に含まれています。**問題点がわかったら、正しいプログラムコードを入力しなおします。↑キーを押すと、直前に入力したプログラムコードがプロンプトの後ろに表示されるので（注❶-14）、すべて入力せずに、必要なところだけ訂正できます。

注❶-14
複数回↑キーを押すことで、入力したプログラムコードの履歴をさかのぼることができます。戻りすぎた場合には↓キーで履歴を進めることができます。

単語や数字、記号の前後には、半角の空白文字を入れても入れなくても違いがありません。**3+4**と**3 + 4**、**print ('Hello')**と**print('Hello')**では動作に違いがありません。表記を統一したほうが見やすいプログラムコードになるので、本書で採用している方法にあわせるとよいでしょう。

登場した主なキーワード

- **対話モード**：プログラムコードを1行ずつ与え、そのつど実行させる方法。
- **インタラクティブシェル**：Pythonのプログラムを対話モードで実行させることができる環境の1つ。
- **出力**：プログラムによって、画面に数字や文字列などを表示させること。
- **エラーメッセージ**：エラーが発生したときに出力される、その内容を説明する説明文。

まとめ

- Pythonでプログラムコードを実行するには、対話モードを使用する方法と、プログラムコードを記述したファイルを与えて実行する方法の2通りがあります。
- インタラクティブシェルで、**2 + 3**などの式を記述すると、その計算結果が出力されます。
- **print()**の括弧の中に、シングルクォーテーション（'）に囲まれた文字列を記述すると、その文字列が出力されます。
- **quit()**または**exit()**と入力してインタラクティブシェルを終了します。

1-3 出力

学習のポイント

- 画面に文字列を「出力」する方法を学びます。
- `print`関数を用いて文字列を出力することを学びます。

画面へ文字列を出力する

前節では「**Hello, Python.**」とコンソールに表示するプログラムを作成して、実行しました。ここでは、Pythonによるプログラム作成の第一歩として、そのプログラムコードの内容を詳しく見ていきます。また、今後のプログラムの学習のために覚えておくべき用語の説明もします。

「**Hello, Python.**」とコンソールに表示するプログラムといいましたが、より正確にいうと、「**Hello, Python.**」という文字列(もじれつ)を標準出力(ひょうじゅんしゅつりょく)に出力(しゅつりょく)するプログラムです。文字列とは、「**A**」や「**あ**」のような文字が1つ以上連なってできる文字の列のことです。出力とは、文字列などのデータをコンピュータから送り出すことをいい、標準出力とは、文字列などのデータを送り出す先として設定されている場所のことです。

KEYWORD
- 文字列
- 標準出力
- 出力

インタラクティブシェルでは、コンソールが標準出力に設定されています。そのため、**文字列を出力するプログラムを実行すると、コンソールにその文字列が表示されるの**です。

出力はプログラムの基本的な動作の1つです。プログラムコードには、

```
print(出力する内容)
```

と記述します。

「**Hello**」という文字列を出力するには、文字列をシングルクォーテーション（**'**）で囲んで次のように記述します（注❶-15）。

注❶-15
シングルクォーテーションの代わりに、ダブルクォーテーション（**"**）で囲んでもかまいません。

```
print('Hello')
```

その結果、「Hello」という文字列がコンソールに表示されます。

```
>>> print('Hello')
Hello
```

「print」という記述は、それに続く括弧( )の中に書かれた文字列を出力する機能を意味します。このprintの例のように、何かしらの働きをするものを関数(かんすう)といいます(注❶-16)。Pythonに最初から備わっている関数のことを組み込み関数(くみこみかんすう)といいます(注❶-17)。また、'Hello'のように、関数に渡されるデータのことを引数(ひきすう)といいます。

以上を踏まえ、先ほどの例を正確に説明すると、

『Helloという文字列を引数としてprint(プリント)関数に渡すと、その結果、Helloという文字列が出力される』

となります。関数と引数の関係については、あらためて第5章で詳しく見ていきます。

KEYWORD

- ●関数
- ●組み込み関数
- ●引数
- ●print関数

注❶-16
print以外にもいろいろな関数があります。

注❶-17
関数は自分で新しく作ることもできます。その方法は第5章で説明します。

シングルクォーテーション(')とダブルクォーテーション(")

「Hello」以外にも、いろいろな文字列を出力する実験をしてみましょう。「'」で囲む文字列には日本語を含めることもできます。

```
>>> print('こんにちは')
こんにちは
```

ただし、「'」の記号を含む文字列を出力する場合には注意が必要です。たとえば、「これから'プログラミング'を学習します」と出力したい場合、次のように記述するとエラーになります。

```
print('これから'プログラミング'を学習します')
```

なぜかというと、シングルクォーテーションに囲まれた「これから」が出力する文字列と認識された後に、それ以降の文字列が正しくないプログラムコード

だと認識されるからです。この場合には、次のようにダブルクォーテーション「"」で全体を囲みます。

```
>>> print("これから'プログラミング'を学習します")
これから'プログラミング'を学習します
```

これで、「プログラミング」の前後にあるシングルクォーテーションは、単なる文字列の一部と認識されます。

ダブルクォーテーションを含む文字列を出力したい場合は、これまで通りシングルクォーテーションで囲めば大丈夫です（注❶-18）。

注❶-18
文字列にシングルクォーテーションとダブルクォーテーションの両方が含まれる場合については、16ページのワン・モア・ステップ！「エスケープシーケンス」で説明しています。

```
>>> print('これから"プログラミング"を学習します')
これから"プログラミング"を学習します
```

print関数には、次のようにカンマ（**,**）区切りで複数の文字列を渡すこともできます。すると、それぞれの文字列が空白で区切られて出力されます。

```
>>> print('abc', 'def')  ← 'abc'と'def'という2つの文字列を渡しています
abc def  ← 2つの文字列が空白で区切られて出力されました
```

カンマ区切りで、いくつでも文字列を渡すことができます。

```
>>>print('abc', 'def', 'AA', 'BB')  ← 4つの文字列を渡しています
abc def AA BB  ← それぞれの文字列が空白で区切られて出力されました
```

登場した主なキーワード

- **文字列**：「**A**」や「あ」などの文字が連なった列。
- **出力**：文字列などのデータをコンピュータから送り出すこと。コンソールに文字列を表示するのも出力の1つです。
- **関数**：**print**の例のように、特定の機能をはたすもの。
- **引数**：関数に渡すデータ。

まとめ

- print(出力する内容)というプログラムコードによって、文字列をコンソールに出力できます。
- 文字列はシングルクォーテーション(')で囲みます。文字列にシングルクォーテーションが含まれる場合はダブルクォーテーション(")で囲みます。

ワン・モア・ステップ！

エスケープシーケンス

print関数では、出力する文字列をシングルクォーテーション「'」またはダブルクォーテーション「"」で前後を囲みます。シングルクォーテーションとダブルクォーテーションの両方が文字列に含まれる場合には、半角文字の「¥」を記号の前につけて「¥'」または「¥"」と記述します(注❶-19)。

```
>>> print('シングルクォーテーションは「¥'」で、ダブルクォーテーションは➡
「¥"」です')
シングルクォーテーションは「'」で、ダブルクォーテーションは「"」です
```

➡は紙面の都合で折り返していることを表します。

文字列の中にある「¥」は、続く文字の意味を打ち消したり、逆に特別な意味を持たせたりします。その組み合わせをエスケープシーケンスといい、主なものを表❶-2に挙げておきます。なお、組み合わせている文字はすべて半角文字です。

表❶-2 主なエスケープシーケンス

記号の組み合わせ	意味
¥'	'
¥"	"
¥¥	¥
¥n	改行(ラインフィード：LF)
¥t	水平タブ
¥r	復帰(キャリッジリターン：CR)

Windowsなどでは、¥r¥n(CR＋LF)で「改行」を表します。いまここで、表❶-2のエスケープシーケンスをすべて覚える必要はありません。**文字列の中に「¥」を入れると特別な意味になる**、ということを覚えておきましょう。

注❶-19
開発環境によっては、「¥」が「\」と表示されることがあります。表示のされ方が違うだけでこれら2つは同じものです。「\」と表示される場合には、本書の「¥」を「\」と置き換えて読んでください。

KEYWORD
●エスケープシーケンス

1-4 変数

学習のポイント

- 値を格納する「変数」について学びます。
- 変数への値の代入とは、どのような処理なのかを学びます。
- 変数の値を確認する方法を知ります。

KEYWORD
- 値
- 変数
- 代入

変数への値の代入

たとえば、「最初に計算した結果Aと、次に計算した結果Bとの合計を求める」というプログラムを作るものとしましょう。これを行うには、結果Aと結果Bの値(あたい)を一時的に記憶しておくための命令を、プログラムに含めなければいけません。この例のように、「コンピュータに値を記憶させて、その値に後からアクセスできるようにする」ということは、プログラムを作るうえで最も重要な要素の1つです。

コンピュータがプログラムを実行している途中で、値を記憶するための入れ物を変数(へんすう)といいます。プログラムの中では、変数に値を入れることができます(「変数」という言葉を「入れ物」と置き換えて読むと理解しやすいでしょう)。変数に値を入れることを値の代入(だいにゅう)といいます。

たとえば、aという名前の変数に3という値を代入するには、次のようにします。

```
a = 3
```

KEYWORD
- 変数名
- 構文

数学で使用する等号 (=) は左辺と右辺が等しいことを意味しますが、Pythonでは左辺の変数に右辺の値を代入することを意味します。左辺のaは変数の名前で変数名(へんすうめい)といいます。

変数に値を代入する構文(こうぶん)は次の通りです。

構文❶-1 変数への値の代入

```
変数名 = 値
```

`a = 3`という記述は「変数`a`に値`3`を代入する」という処理を意味します。この操作のイメージを図❶-3に示します。`a`という名前のついた箱に、`3`という値を入れています。

図❶-3 代入のイメージ

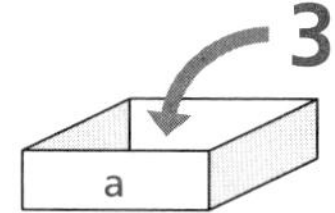

aという名前のついた箱に3を入れる

変数名は`a`というようにアルファベット1文字でも、`score_of_my_math_test`のように長い名前でもかまいません。ただし、名前のつけ方には次のような決まりがあります。

- 英字、数字、アンダースコア（_）が使用できる（注❶-20）
- 先頭の文字が数字であってはいけない
- 大文字と小文字が区別される
- 用途が決まっている単語を変数名にはできない（`return`、`try`、`global`など（注❶-21））

注❶-20
変数名にひらがなや漢字（Unicode文字）を使用することもできますが、慣習として半角英数字のみを使用することが多いです。

注❶-21
こうした用途の決まっている単語を予約語（よやくご）といいます。たとえば、Visual Studio Codeのようなコードエディタでは、予約語が色付きで表示されるなどの工夫がされていて、変数名で使ってはいけない単語だとすぐにわかります。

これらの決まりを守っていれば、変数名は自由に決められます。慣習として、アルファベットの小文字を使用します。複数の単語をつなげた長い名前にする場合には、単語と単語をアンダースコア（_）でつなげるのが一般的です。また、特別な用途でアンダースコアを先頭につけることがあるので、理由がない場合にはアンダースコアを先頭につけることは避けましょう。

代入の正確な説明

変数への値の代入は、Python以外のプログラミング言語にも共通する、基本的で重要な操作です。代入のイメージを説明するものとして、図❶-3に示したようなイラストが広く使われます。

KEYWORD
- ●オブジェクト指向言語
- ●オブジェクト

注❶-22
オブジェクト指向については第4章で詳しく説明します。

しかし、Pythonはオブジェクト指向言語（しこうげんご）であり、数値も1つのオブジェクトとして扱われます（注❶-22）。オブジェクトという言葉で表されるものをイメージするのは難しいかもしれませんが、ここでは、ひとかたまりのデータであると思ってください。Pythonでの代入は、「データがコンピュータのメモリ上のどこに保管されているかを示す情報が変数に入れられる」という説明のほうが正確です。図❶-4は、`a = 3`という記述で、実際にコンピュータの内部で行われる操作のイメージをより正確に表したものです。言葉で説明すると「3という値を表すオブジェクトがコンピュータのメモリ上のどこかに保管される。その保管場所を示す所在地情報が、aという名前の箱に入れられる」となります。

図❶-4　より正確な代入のイメージ

代入は基本的な操作だからこそ、正確に理解しておくことが大切です。図❶-3に示したような「箱aに値を入れる」というイメージでも、しばらくは困らないで済みますが、さらに学習が進むと図❶-4のような正確な理解が必要になります。いまはまだ、このような説明をする理由がわからないかもしれませんが、一通り学習を終わってから、またここに戻ってきてみてください。きっと、Pythonの代入の仕組みが、よりよく理解できると思います。

値を確認する

変数に代入されている値を確認するには、文字列を出力するときに使った`print`関数を使って次のように記述します。

構文❶-2　変数の値の確認

```
print(変数名)
```

次の例では、変数aに3を代入してから、その値を確認しています。

```
>>> a = 3          ←変数aに3を代入します
>>> print(a)       ←変数aに代入されている値を出力します
3
```

print関数は10ページで文字列を出力するために使用しましたが、( )の中に変数名を入れると、その変数に代入されている値が出力されるのです。

KEYWORD
●参照

より正確にいいなおすと、「変数には所在地情報が格納されている。print関数は、その所在地にあるオブジェクトを参照(さんしょう)して、その情報を出力する」ということになります。このような言い方はあまりに回りくどいので、これ以降は単に「変数の値を出力する」といいますが、やはりその正確な意味を理解しておくことが大切です。

print関数には、カンマ区切りで複数の値を渡すことができるので、次のようにして複数の変数の値をいっぺんに出力することもできます。

```
>>> a = 10
>>> b = 123
>>> print(a, b)    ←print関数に2つの変数を渡しています
10 123             ←それぞれの変数の値が出力されました
```

次のように文字列と変数のペアをprint関数の引数にすると、変数の値を確認するのに便利です。本書では、このようなprint関数の使い方がたびたび登場します。

```
>>> a = 20
>>> print('aの値は', a)    ←print関数に'aの値は'という文字列と、変数aを渡しています
aの値は 20                 ←最初に文字列'aの値は'が出力されて、その後にaの値が出力されます
```

インタラクティブシェルでは、次のように変数名だけを記述すると、その値が出力されます。これ以降では、このようにしてprint関数を使わずに変数の値を確認する例も多く登場します。

```
>>> a = 3
>>> a      ←print()を使わずに、変数名だけを記述しています
3          ←変数の値が出力されます
```

値を変更する

変数に代入した値は、後から変更できます。たとえば、

```
a = 3
```

とした後に、

```
a = 5
```

とすると、変数aの値が5に上書きされます。さらに、

```
a = 'hello'
```

とすれば、変数aの値はhelloという文字列になります。

このことを、次のようにして確認できます。

```
>>> a = 3          ←変数aに3を代入します
>>> print(a)
3
>>> a = 5          ←変数aに5を代入します
>>> print(a)
5
>>> a = 'hello'    ←変数aに文字列'hello'を代入します
>>> print(a)
hello
```

注❶-23
代入によって変数の値が変化することの詳しい説明は、また改めて第4章で行います。

値が変化するので「変数」と呼ぶのだと理解しましょう（注❶-23）。

登場した主なキーワード

- **変数**：値を入れておく入れ物のこと。
- **代入**：変数に値を入れること。
- **構文**：プログラムコードの書き方のルール（文法）。

まとめ

- 変数とは、値を格納する入れ物のことです（ただし正確には、値の所在地情報を格納する入れ物のことです）。
- 値を格納することを代入といい、等号（`=`）を使用して左辺の変数に右辺の値を入れます（ただし正確には、値の所在地情報を入れています）。
- `print`関数を使って、変数に代入された値を確認できます。

練習問題

1.1 次の文章のうち正しいものには○を、正しくないものには×をつけてください。

(1) コンピュータは、Pythonのプログラムコードを直接理解して処理を行う。
(2) Pythonのプログラムコードは、大文字と小文字の違いを区別しない。
(3) Pythonには、1行ずつプログラムコードを入力して、そのつど実行する方法がある。
(4) 「`print(こんにちは)`」と記述すると、「こんにちは」という文字列が出力される。
(5) 変数には後から異なる値を代入できる。

1.2 次の文章の空欄に入れるべき語句を、選択肢から選び記号で答えてください。

・コンピュータが値を記憶しておくための入れ物のことを［(1)］という。
・［(1)］に値を格納することを［(2)］という。
・［(2)］を行うには、記号［(3)］を使用する。
・［(1)］に［(2)］された値は print 関数を用いてコンソールに［(4)］できる。

【選択肢】
(a) 代入　(b) 変数　(c) オブジェクト　(d) 出力　(e) >>>　(f) =

1.3 対話モードで、次の計算を実行して結果を確認しましょう。

(1) `1 + 2 + 3 + 4`

(2) `2 + 3 * 2`

(3) `(2 + 3) * 2`

(4) `10 / 2.5`

(5) `3 / 0`

1.4 次のようにして、インタラクティブシェルで変数aに10という値を代入し、print関数で値を出力できます。

```
>>> a = 10
>>> print(a)
10
```

(1) 変数bに5という値を代入してから、print関数で変数bに代入された値を出力してください。

(2) 変数cに「Python」という文字列を代入してから、print関数で変数cに代入された値を出力してください。

COLUMN

Pythonという名のプログラミング言語

Pythonはオランダ人のグイド・ヴァン・ロッサムによって開発されたプログラミング言語で、最初にリリースされたのは1991年です。2000年にPython 2.0がリリースされると、その特徴的な言語仕様と使い勝手の良さから、大手IT系企業を含め、多くの分野で使用されるようになりました。少し不思議に思うかもしれませんが、プログラミング言語もバージョンアップをするのです。バージョンアップによって、言語仕様が改善されたり、できることが増えたり、使いやすさが向上したり、さらにはパフォーマンスが向上したりします。そして2008年にPython 3.0がリリースされ、プログラミング言語としての完成度が大いに高まりました。その後もマイナーバージョンアップを繰り返し、本書を執筆している現在の最新版はPython 3.9.4となっています。

この過程で、さまざまなライブラリが開発され、Pythonによってできることが多方面に広がりました。特に機械学習と呼ばれる人工知能研究の中心分野においてはPythonが標準的に用いられるようになり、最先端の技術を理解するうえで必須の言語となりました。また、データサイエンスの分野でもPythonが標準的に用いられるようになっています。

このような背景から、理工系の学生やエンジニアにとって、Pythonを習得することがますます重要になってきています。また、初学者にも取り組みやすいという側面も評価され、プログラミング学習の入門的な位置づけも獲得しています。

このような普及の理由の1つとして、Pythonでは、内部的な複雑さがうまく隠蔽され、最小限の理解で目的を達成できるようになっていることが挙げられます。これは、初学者にとっては便利である反面、Pythonを深く理解することの困難さにもつながっています。本書でPythonの基本を学んだあとに、さらに奥深いPythonの世界を探究してみてください。その際に、他のプログラミング言語も併せて学ぶことをお勧めします。そうすることで、Pythonという言語の特性をよりよく知ることができるでしょう。

ところで、Pythonという言語の名前は、イギリスのコメディー番組『Monty Python's Flying Circus(空飛ぶモンティ・パイソン)』に由来するそうですが、英語で「ニシキヘビ」を意味する単語でもあります。そのため、Pythonに関係するデザインにはヘビが使われることが多くあります。そのようなわけで、本書の表紙にもヘビのシルエットがデザインされています。

第2章　Pythonの基本

型と算術演算
文字列の扱い
リスト
モジュールの利用

Python

この章のテーマ

Pythonでプログラミングをするための基礎固めを行います。はじめにプログラムを作成するうえで基本となる変数の型の概念について学びます。続いて、変数を使って加減乗除などの算術演算を行う方法や、文字列とリストの簡単な使い方を学びます。その中で、プログラミングを学ぶうえで知っておくべき用語と、その意味を学びます。本章の最後には、モジュールの使用にも触れます。

2-1 型と算術演算

学習のポイント

- データの種類を表す「型」について学びます。
- 算術演算子を用いて計算をする方法を学びます。
- プログラミングの学習で知っておくべき用語と、その意味を知ります。

組み込み型

プログラムの中では、いろいろな種類のデータを扱うことになります。プログラムで扱うデータ（値）の種類のことを型（かた）といいます。Pythonでは型を意識しなくてもプログラミングができるような仕組みが整えられていますが、あえて型を意識することが、プログラムの動作を理解するうえで大切です。データの種類を表す「型」を、自分で新しく作ることもできますが（注❷-1）、ここではPythonに最初から用意されている型の説明をします。

プログラムで扱う値には、これまで見てきたように数値や文字列があります。Pythonでは-1、0、1、2のような整数を表す型をint型（イント がた）といい、0.5や-0.12のような小数点を含む値を表す型をfloat型（フロート がた）といいます（注❷-2）。そして、文字列を表す型をstr型（ストリング がた）といいます。Pythonで使用できる型には主に表❷-1に示すものがあります。これらは、すぐに使えるように最初からPythonに組み込まれているので組み込み型（くみこみがた）といいます。

KEYWORD
- 型

注❷-1
第5章で学習します。

KEYWORD
- int型
- float型
- str型
- 組み込み型

注❷-2
もう1つcomplex型（コンプレックス がた）という、複素数を表す型がありますが、本書では扱いません。

表❷-1　Pythonの組み込み型

型	型名（日本語表記）	値の例
int	整数型	-1, 0, 1, 2, 10, 100
float	浮動小数点数型	小数点を含む数 -0.12, 0.0, 0.5, 2.34
str	文字列型	'hello', 'こんにちは'
bool	真偽値型	True, False

bool型（ブール がた）は真偽値（しんぎち）を扱います。プログラムの中では、ある条件を満たしているときにはこちらの処理を行い、満たしていない場合にはあちらの処理を行う、

KEYWORD
- bool型
- 真偽値

といった場面がよく出てきます。**真偽値は、こうした条件を満たしているときにTrue（真）、満たしていないときにFalse（偽）になる値です。**「真偽値」は、真理値または論理値とも呼ばれます。

KEYWORD
- True（真）
- False（偽）
- 真理値
- 論理値

変数にはこれらの値を自由に代入できます。

```
>>> a = 10          ← 変数aに整数を代入します
>>> print(a)
10
>>> a = 0.5         ← 変数aに小数点を含む数を代入します
>>> print(a)
0.5
>>> a = 'こんにちは'  ← 変数aに文字列を代入します
>>> print(a)
こんにちは
>>> a = True        ← 変数aに真偽値を代入します
>>> print(a)
True
```

KEYWORD
- type関数

値の型が何であるかを、type関数を使って調べることができます。type関数の書式は次の通りです。

書式❷-1 type関数

> **type(変数や値)**
> ▶ 変数や値の型（クラス）(注❷-3) を表す文字列を返します

注❷-3
変数や値の種類を表す「型」のことを「クラス」と呼ぶこともあります。

type関数は引数の型を出力します。先ほど変数aに代入した、10、0.5、'こんにちは'、Trueといった値が、それぞれ、どの型であるかを、次のようにして確認できます。

```
>>> type(10) (注❷-4)
<class 'int'>       ← 10はint型であることがわかります
>>> type(0.5)
<class 'float'>     ← 0.5はfloat型であることがわかります
>>> type('こんにちは')
<class 'str'>       ← 'こんにちは'はstr型であることがわかります
>>> type(True)
<class 'bool'>      ← Trueはbool型であることがわかります
```

注❷-4
本来であればprint(type(10))と書くべきところですが、インタラクティブシェルではprint()の記述を省略できるので、単にtype(10)と書くだけで済ませています。

type関数の( )内に変数名を入れることで、変数に代入されている値の型を確認できます。

```
>>> a = 10          ← 変数aに10を代入します
>>> type(a)
<class 'int'>       ← aの値（注❷-5）はint型であることがわかります
>>> b = 'こんにちは'   ← 変数bに'こんにちは'という文字列を代入します
>>> type(b)
<class 'str'>       ← bの値はstr型であることがわかります
```

注❷-5
正確には「変数aに代入されている値」と書くべきところですが、省略して「aの値」と書いています。

メモ

type関数の出力に**class**という単語が使用されているように、変数の型のことをクラスと呼ぶこともあります。たとえば「**str**型」ということもあれば、「**str**クラス」ということもあります。クラスについては第6章で詳しく説明します。

算術演算

第1章では、次のようにして簡単な計算を行う例を紹介しました。

```
>>> 2 + 3
5
```

これは、**2 + 3**が計算されて**5**という結果がコンソールに出力される（注❷-6）という、単純でわかりやすいものですが、今後の学習のために、ここでいくつかの用語を説明しておきます。聞きなれない用語がたくさん登場しますが、プログラムの学習に必要な基礎的なものなので、ここで覚えるようにしましょう。

注❷-6
本来であれば**print(2 + 3)**と書くべきところですが、インタラクティブシェルでは**print()**の記述を省略できるので、単に**2 + 3**と書くだけで計算した結果が出力されます。

KEYWORD
●リテラル

まず、2や3のように、プログラムコードの中に記述された値そのもののことをリテラルといいます（注❷-7）。そして、

注❷-7
これまでの例で見てきた**'こんにちは'**という文字列もリテラルです。

```
2 + 3
```

と表記されたものを式（しき）といいます。**式の特徴は、値を持っていることです。**この例では、「**2 + 3**という式は**5**という値を持っている」といいます。

KEYWORD
●式
●演算子
●オペランド

+記号のように、式に含まれて演算の内容を表すものを演算子（えんざんし）といいます。そして、この式の**2**と**3**のように演算されるものをオペランド（注❷-8）といいます。**図❷-1に示すように、プログラムコードに登場する式は、演算子とオペランドの組み合わせで表現されます。**

注❷-8
「演算対象」という意味を持つ言葉です。

図❷-1 オペランドと演算子から構成される式

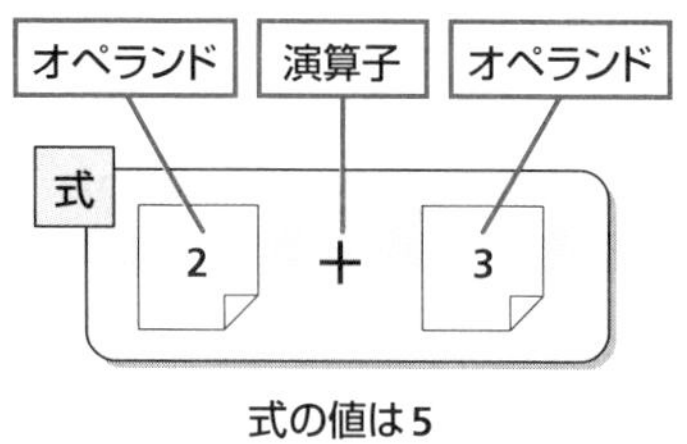

式は値を持っていますから、

```
a = 2 + 3
```

と記述した場合には、変数aに値5が代入されます。**このように1つの命令の単位を文（ぶん）といいます**。とくに、変数に値を代入する文のことを**代入文（だいにゅうぶん）**といいます。

KEYWORD
- 文
- 代入文

引き算の場合は、

```
a = 2 - 3
```

のように記述します。この場合、式「2 - 3」の値である-1が、変数aに代入されます。

+と-という2つの記号は、見てすぐわかるように、足し算（加算）と引き算（減算）を行うための演算子です。このような算術計算を行う演算子を**算術演算子（さんじゅつえんざんし）**といいます。

KEYWORD
- 算術演算子
- 剰余演算子

Pythonでは、表❷-2に示す算術演算子が使えます。掛け算の演算子が*で、割り算の演算子が/であることに注意しましょう。%は割り算を行った結果の「余り」を求める算術演算子で**剰余演算子（じょうよえんざんし）**といいます。たとえば、7 % 3という式の値は、7を3で割った余りである1になります。//は、割り算を行った結果の商を求める演算子で、7 // 3という式の値は2になります。**は、べき乗を求める演算子で、2 ** 3という式の値は2の3乗である8になります。

表❷-2 算術演算子

演算子	演算の内容	説明	使用例
+	加算（足し算）	左辺と右辺を足します	1 + 2（式の値は3）
-	減算（引き算）	左辺から右辺を引きます	2 - 1（式の値は1）
*	乗算（掛け算）	左辺と右辺を掛けます	2 * 3（式の値は6）
/	除算（割り算）	左辺を右辺で割ります	4 / 2（式の値は2）
//	商	左辺を右辺で割った商	7 // 3（式の値は2）
%	剰余	左辺を右辺で割った余りを求めます	7 % 3（式の値は1）
**	べき乗	左辺の右辺乗の値を求めます	2 ** 3（式の値は8）
:=	代入	左辺に右辺の値を代入します	a := 1（式の値は1）

メモ

:=は代入を行う演算子であるため、算術演算子とはいえませんが、表❷-2に含めています。:=は、=と同様に左辺の変数に右辺の値を代入しますが、a = 2が文であるのに対して、a := 2は式である（そのため値を持つ）という違いがあります。

たとえば、

```
b = (a := 2) * 2
```

とすると、aに2が代入されるとともに、bには2 * 2を計算した結果の4が代入されます。

算術演算子の優先順位

Pythonの算術演算は、数学での計算と同じように加算と減算（+と-）より乗算と除算（*と/）が優先されます。

```
3 + 6 / 3
```

は、3 + 6よりも6 / 3が先に評価（ひょうか）され、値は5になります（注❷-9）。

先に3 + 6を計算したい場合には、括弧 () を使って、

KEYWORD
●評価

注❷-9
式の値が計算されることを「式が評価される」といいます。

```
(3 + 6) / 3
```

のようにします。この場合、結果は3になります。数学と同じように、括弧()で囲んだところが先に評価されます。

変数を含む算術演算

算術演算には変数を使うことができます。次の例を見てみましょう。

```
>>> a = 10          ← 変数aに10を代入します
>>> print(a + 3)    ← 式a + 3の値を出力します
13
```

2行目は、式a + 3の値を出力するというものです。a + 3の値は、変数aに代入されている値10に対して3を加えて求められます。このように、**式の中に変数が含まれている場合は、その変数に代入されている値が使われます。**

たとえば、次のように記述することで、変数bには、aの値に3を加えた値が代入されます。

```
b = a + 3
```

それでは、次の例はどうでしょう。

```
a = a + 3
```

=を数学の等号と同じように考えると違和感を覚えると思いますが、Pythonでは変数に値を代入するために用いられるのでした。等しいことを表すのではありません。

この例では、まず「変数aの値に3を加えた値」が計算され、次にその値が変数aに代入されます。つまりaの値が3増えます。このことは、次のようにして確認できます。

```
>>> a = 10        ← 変数aに10を代入します
>>> a = a + 3     ← 変数aに、3を加えた値を代入します
>>> print(a)      ← 変数aの値を出力します
13  ← 10に3を加えた値が出力されました
```

算術演算の短縮表現

プログラムでは変数の値をよく変更します。変数の値を変更するプログラムコードを、算術演算の短縮表現を使って短く書くことができます。たとえば、

```
a = a + 3
```

は、次のように短く書くことができます。

```
a += 3
```

KEYWORD
●加算代入

+=という記号は、右辺の値を左辺の変数に加える働きをします。このことを加算代入（かさんだいにゅう）といいます。このような短縮表現には表❷-3に示すものがあります。

短縮表現は便利ですが、プログラミングに慣れるまでは短縮しないほうがわかりやすいかもしれません。慣れてきたら、徐々に短い表現を使うようにするとよいでしょう。

表❷-3　算術演算の短縮表現に用いる演算子

演算子	使用例	説明
+=	a += b	a = a + b と同じ
-=	a -= b	a = a - b と同じ
*=	a *= b	a = a * b と同じ
/=	a /= b	a = a / b と同じ
%=	a %= b	a = a % b と同じ
//=	a //= b	a = a // b と同じ
**=	a **= b	a = a ** b と同じ

KEYWORD
●代入演算子

表❷-3の演算子は、値の代入を行うので、=と同じ代入演算子（だいにゅうえんざんし）の仲間です。これらの演算子を使った計算の結果を次のようにして確認できます。

```
>>> a = 12          ← 変数aに値12を代入します
>>> a *= 2          ← 変数aの値（12）を、2倍した値に更新します
>>> print(a)
24
>>> a %= 5          ← 変数aの値（24）を、6で割った余りに更新します
>>> print(a)
4
```

数値の型と型変換

Pythonで扱われる数値には、int型とfloat型があることをすでに説明しました。プログラムコードの中に記述した数字（リテラル）が、どちらの型になるかは、表記に小数点が含まれるかどうかによって決まります。たとえば、-1、0、2といった数字はint型で、それと同じ値であっても-1.0、0.0、2.0といった表記をするとfloat型として扱われます。次のように、0と0.0という表記で型が異なることを確認できます。

```
>>> type(0)
<class 'int'>      ← 0という表記はint型になります
>>> type(0.0)
<class 'float'>    ← 0.0という表記はfloat型になります
```

int型どうしを加算、減算、乗算した結果はint型ですが、除算した結果はfloat型になります。これは次のようにして確認できます。

```
>>> type(3 + 2)
<class 'int'>
>>> type(3 - 2)
<class 'int'>      ← int型どうしを加算、減算、乗算した結果はint型です
>>> type(3 * 2)
<class 'int'>
>>> type(3 / 2)
<class 'float'>    ← int型どうしで除算した結果はfloat型になります
>>> type(4 / 2)
<class 'float'>    ← 割り切れる場合でもfloat型になります
```

KEYWORD

●型変換

注❷-10

ここでは関数の扱いと同じように説明していますが、実際はfloatクラスのコンストラクタでインスタンスを生成しています。コンストラクタについては、第6章で学習します。

このように、型は自動的に決定されますが、int型とfloat型の間で、相互に型を変換することができます。これを型変換（かたへんかん）といいます。

int型の値をfloat型に変換するには、次の書式を用います（注❷-10）。

書式❷-2 float型への変換

```
float(int型の変数または値)
```

▶ float型に変換された値が返されます

次の例は、1というint型の値をfloat型に変換して、変数aに代入しています。

```
>>> a = float(1)    ← 整数1をfloat型に変換しています
```

```
>>> print(a)
1.0
>>> type(a)
<class 'float'>
```

aの値を出力すると1.0となり、小数点を含む数値として扱われていることがわかります。また、続くtype関数によって、変数aの値がfloat型であることを確認できます。

これとは逆に、次のようにしてfloat型の値をint型に変換することもできます。

書式❷-3　int型への変換

```
int(float型の変数または値)
```
▶ int型に変換された値が返されます

このとき、小数点以下の値は切り捨てられるので注意が必要です。四捨五入ではありません。

次の例は、1.9というfloat型の値をint型に変換して、変数aに代入しています。

```
>>> a = int(1.9)    ←値1.9をint型に変換しています
>>> print(a)
1    ←小数点以下の値が切り捨てられました
>>> type(a)
<class 'int'>
```

1.9の小数点以下が切り捨てられて、整数の1に変換されたことを確認できます。負の値の場合も同様です。次のように、-1.9は-1に変換されます。

```
>>> a = int(-1.9)    ←値-1.9をint型に変換しています
>>> print(a)
-1    ←小数点以下の値が切り捨てられました
```

異なる型を含む演算

int型とfloat型が混在する演算では、その結果はfloat型になります。

次のように、1.2（float型）と3（int型）の値を足し合わせた値は、

float型になっていることを確認できます。

```
>>> a = 1.2 + 3          ← float型とint型を足し合わせています
>>> print(a)
4.2
>>> type(a)
<class 'float'>          ← 変数aの値はfloat型です
```

Pythonのプログラムでは、型を意識しないで済むことが多いですが、このように、扱われている値の型を確認する習慣を身につけておくと、プログラミングの上達が早くなります。

ワン・モア・ステップ！

小数点を含む数に対する演算の注意

コンピュータの中では、0と1だけの組み合わせで表現される2進法によって、すべての数値が処理されます。そのため、2進法で表現することができない数を正確に扱うことができません。たとえば、私たちが日常使っている10進法で「0.1」と示される数は2進法では正確に表現することができない数です。不思議に思うかもしれませんが、これは10進法で1÷3を正確に表現できないのと同じです（0.333333333…のように、3をいくつ並べても正確な1÷3の値を表現できません）。

そのため、float型（浮動小数点数型）の値に対して演算を行うときには、**厳密に正しい値が得られないことがある**ということを知っておきましょう。

たとえば、次のようにして0.1 + 0.1 + 0.1と0.3を比較すると、値が等しくないと判定されてしまいます。

注❷-11
詳しくは70ページ「条件式と関係演算子」で説明します。

```
>>> 0.1 + 0.1 + 0.1 == 0.3   ← ==という記号を使って左辺と右辺の値が等しいかどうかを判定できます（注❷-11）
False                        ← この出力は「等しくない」ということを意味します
```

このように、2つのfloat型の値が等しいかどうかの判定がうまくいかない場合があるということを知っておきましょう（int型の場合には、このような問題はありません）。これはPython言語だけではなくて、他のプログラミング言語にもあてはまります。

登場した主なキーワード

- **リテラル**：プログラムコードの中に記述された値そのもののこと。たとえば「`a = 3`」という記述があった場合、「`3`」がリテラルです。
- **演算子**：`+`や`-`など、演算を行うための記号。
- **オペランド**：演算子による演算の対象となるもの。
- **式**：演算子とオペランドの組み合わせで表現される、値を持つもの。
- **算術演算子**：加減乗除などの演算を行う記号。
- **型変換**：値の型を別の型に変換すること。

まとめ

- 算術演算子には優先順位があり、加算と減算（`+`と`-`）より乗算と除算（`*`と`/`）が優先されます。
- 変数の値を算術演算で変更する場合には、短縮表現を使って短く書くことができます。
- 型変換によって、値の型を変換できます。
- `float`型の値を`int`型に型変換すると、小数点以下の値が切り捨てられます。

2-2 文字列の扱い

学習のポイント

- 文字列を連結する方法や、文字列に変数の値を埋め込む方法など、文字列の扱い方を学びます。
- 数値を文字列へ、文字列を数値へ変換する方法を知ります。

文字列処理の大切さ

これまでに、数値を使った計算の例を見てきました。コンピュータが登場したころの主な用途は、このような数値計算でした。しかしながら、今では文字列を操作する処理が大きな割合を占めます。皆さんが日ごろスマートフォンやパソコンで見ているWebページやSNSのメッセージは文字列の集まりです。また、コンピュータで扱う多くのデータが文字列で表されています(注❷-12)。文字列の扱いを習得することは、プログラミングの中で重要な位置を占めます。

注❷-12
もちろん、音声データや画像データなど、文字列では表現されないデータもたくさんあります。

たとえば、文字列の中に特定の語句が含まれているか調べたり、文字の一部を他の文字に置き換えたり、特定の記号で分割したり、文字列に対するさまざまな処理が求められる場合があります。これらの処理の具体的な方法は4-2節で詳しく学びます。ここでは文字列の基本的な操作方法を学びます。

文字列の連結

文字列どうしを + 演算子で連結し、新しい文字列を作ることができます。

```
>>> last_name = '山田'
>>> first_name = '太郎'
>>> name = last_name + first_name
>>> print(name)
山田太郎
```

2つの文字列を+演算子を使って連結します

'山田'と'太郎'という2つの文字列が連結されました

上の例では、はじめに last_name と first_name という2つの変数に、それぞれ「山田」と「太郎」という文字列を代入しています。続いて、これらを+演算子で連結したものを変数nameに代入しています。その結果、変数nameには「山田太郎」という新しい文字列が代入されたことを確認できます。

文字列は一度にいくつでも連結できます。次の例は4つの文字列を連結して1つの文字列を作る例です。

```
>>> month = '4月'
>>> day = '10日'
>>> message = '今日は' + month + day + 'です。'    ← 4つの文字列を連結しています
>>> print(message)
今日は4月10日です。
```

文字列と整数の間に*演算子を使用すると、次のように数字で指定した回数だけ文字列を繰り返し連結できます。

```
>>> message = 'Hello.' * 5    ← 'Hello.'という文字列を5個連結します
>>> print(message)
Hello.Hello.Hello.Hello.Hello.
```

数値からstr型への変換

+演算子で連結できるのは文字列どうしだけで、数値を文字列と連結することはできません。ためしてみると、次のようにエラーが発生します。

```
>>> year = 2021    ← 変数yearの値は整数です
>>> print(year + '年')    ← 整数と文字列を+記号でつなげようとしています
Traceback (most recent call last):
  File "<stdin>", line 1, in <module>    ← エラーが発生しました
TypeError: unsupported operand type(s) for +: 'int' and 'str'
```

これに対処するためには、次のようにして数値を文字列に変換します。その後で他の文字列と連結します。

書式❷-4　数値を文字列に変換する

> **str(値または変数)**
> ▶値または変数を文字列に変換した結果が返ります（注❷-13）

注❷-13
ここでは関数の扱いと同じように説明していますが、実際は**str**クラスのコンストラクタでインスタンスを生成しています。コンストラクタについては、第6章で学習します。

次のようにして、先ほどのプログラムコードを適切に動作させることができます。

```
>>> year = 2021
>>> print(str(year) + '年')
2021年
```

yearの値（int型）を文字列に変換してから連結しています

変数の値の埋め込み（フォーマット文字列）

文字列の中の特定の場所に変数の値を埋め込みたいことがよくあります。たとえば、'この商品は○円です'という文字列の、○記号の場所に商品価格（数値）を埋め込んだ文字列を作りたいとします。このとき、商品価格が**price**という変数の値である場合、先ほど説明した方法では次のようにします。

```
>>> price = 550
>>> print('この商品は' + str(price) + '円です')
この商品は550円です
```

priceの値（int型）を文字列に変換してから連結しています

このような表記をもっと簡単にする方法があります。それには、次のように文字列を囲む**' '**の前に**f**（または**F**）をつけます。そうすると、文字列の中に**{price}**という表記が含まれたときに、その部分が変数**price**の値に置き換わります。

```
>>> price = 550
>>> print(f'この商品は{price}円です')
この商品は550円です
```

文字列の中の{price}の部分が変数priceの値に置き換わりました

KEYWORD
●フォーマット文字列

このように、変数の値を後から埋め込むようにした文字列をフォーマット文字列（もじれつ）といいます。

次のように、フォーマット文字列には複数の変数や式を埋め込むことができるため、慣れると便利に使用できます。

```
>>> num_item = 5
>>> price = 550
>>> print(f'この商品は1つ{price}円です。{num_item}個で{num_item * ➡
price}円です。')
この商品は1つ550円です。5個で2750円です。
```

- num_item = 5 ← 商品の数を表します
- price = 550 ← 商品1つ当たりの価格を表します
- ← num_item * priceという式を埋め込むこともできます

➡は紙面の都合で折り返していることを表します。

str型から数値への変換

実際のプログラムでは、数値が文字列で与えられることが多くあります(注❷-14)。そのような場合、その数値を使った計算を行う前に、文字列を**int**型または**float**型に適切に変換する必要があります。

注❷-14
数値がテキストファイルに保存されている場合や、キーボードから入力される場合などがあてはまります。

文字列を**int**型に変換するには次のようにします。

書式❷-5　文字列をint型へ変換する

```
int(文字列)
```
▶文字列をint型に変換した結果を返します

文字列を**float**型に変換するには次のようにします。

書式❷-6　文字列をfloat型へ変換する

```
float(文字列)
```
▶文字列をfloat型に変換した結果を返します

次の例は、文字列を**int**型に変換する様子です。

```
>>> a = '123'        ← ''で囲んでいるので、123は文字列として扱われます
>>> type(a)
<class 'str'>        ← 変数aの値がstr型であることを確認できます
>>> b = int(a)       ← 変数aの値をint型に変換して変数bに代入しています
>>> type(b)
<class 'int'>        ← 変数bの値がint型であることを確認できます
>>> print(b)
123
```

今度は文字列を**float**型に変換する様子です。

```
>>> a = '3.14'       ← ''で囲んでいるので、3.14は文字列として扱われます
>>> type(a)
<class 'str'>        ← 変数aの値がstr型であることを確認できます
>>> b = float(a)     ← 変数aの値をfloat型に変換して変数bに代入しています
>>> type(b)
<class 'float'>      ← 変数bの値がfloat型であることを確認できます
>>> print(b)
3.14
```

文字列の長さの取得

文字列の長さ（文字列に含まれる文字の数）を、`len`（注❷-15）関数を使用して取得できます。

注❷-15
`len`は、length（長さ）という英単語を短くしたものです。

書式❷-7 len関数

```
len(文字列)
```
▶文字列の長さを返す

たとえば、次のようにして文字列の長さを確認できます。

```
>>> s1 = 'hello'
>>> len(s1) (注❷-16)
5      ←'hello'には5つの文字が含まれることがわかります
>>> s2 = 'Python'
>>> len(s2)
6      ←'Python'には6つの文字が含まれることがわかります
```

注❷-16
`len`関数で得られる値を出力するには`print(len(s1))`とするのが本来の書き方ですが、ここでは`print`関数の呼び出しを省略しています。

KEYWORD
- 指数表現
- 仮数部
- 指数部

ワン・モア・ステップ！

数値の指数表現

小数点を含む数字を表すときに、`0.00025`を`2.5e-4`というような表記で表すことがあります。このような表記法を指数表現（しすうひょうげん）といいます。記号`e`を挟んで前の部分（先ほどの例では`2.5`）を仮数部（かすうぶ）、後ろの部分（先ほどの例では`-4`）を指数部（しすうぶ）といいます。指数表現では「仮数部に$10^{(指数部)}$を掛けた値」（先ほどの例では、2.5×10^{-4}）という形で表すため、`0.00025`のように通常の表記では`0`をたくさん並べる必要がある数を簡潔に記述できる利点があります。

図❷-2のようにして、指数表現された数値が、実際にはどのような値であるかを知ることができます。指数部が負の場合は、その値の数だけ小数点の位置を左にずらします。指数部が正の場合は、その値だけ小数点の位置を右にずらします。

図❷-2　指数表現された数値の読み方

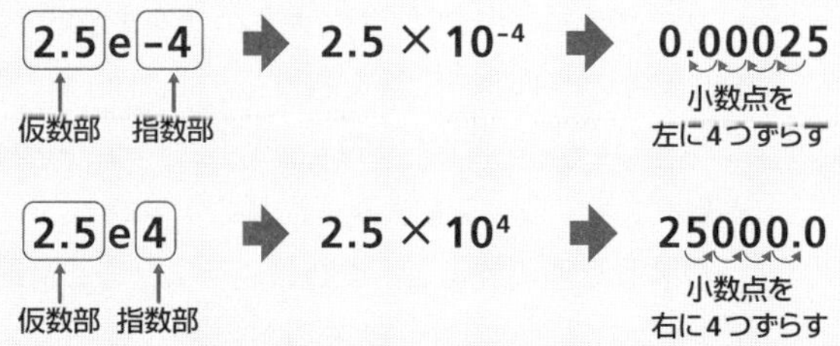

`print`関数を使用して、指数表現された値を確認できます。

```
>>> print(2.5e-4)
0.0025
>>> print(2.5e4)
25000.0
```

登場した主なキーワード

- **フォーマット文字列**：変数の値を後から埋め込むようにした文字列。

まとめ

- 文字列は加算演算子（`+`）を使って連結できます。
- `int`型、`float`型、`str`型、それぞれの間で型変換を行えます。
- フォーマット文字列によって、変数の値を文字列に埋め込むことができます。

2-3 リスト

学習のポイント

- 複数の値を入れて管理するためのリストについて学びます。
- リストに格納された要素にアクセスする方法を知ります。

リスト

KEYWORD
- リスト
- 要素

プログラムの中では、たくさんの値をまとめて扱うことがよくあります。しかし、100人分のテストの点数を扱うときに、100個の値を100個の変数に代入するとしたらたいへんです。このような場合には、複数の値を格納できるリストを使うと便利です。リストも組み込み型の1つです。

リストを使用すると、複数の値をまとめて管理できます。リストで管理される1つ1つの値のことを、リストの要素（ようそ）といいます。リストを作成するには、**[ ]**記号の中に、要素をカンマ（**,**）で区切って並べます。

書式❷-8 リストの生成

```
変数名 = [値1, 値2, … ]
```
▶指定した値を順番に格納したリストが変数に代入されます

次の例では、5つの整数を含むリストを**scores**という変数に代入しています（注❷-17）。

注❷-17
複数の値を扱うという意味で、変数の名前は末尾に「**s**」をつけて複数形にしておくことをおすすめします。後でプログラムコードを見たときに、リストを表す変数であることが、わかりやすくなります。

```
>>> scores = [50, 55, 70, 65, 80]
```
←5つの整数を含むリストを作成しています

変数**scores**の型を確認してみます。

```
>>> type(scores)
<class 'list'>
```

リストは**list**型であることを確認できます。

print関数にリストを渡すと、次のように要素の一覧が出力されます。

```
>>> print(scores)       ← print関数の引数にリストを渡します
[50, 55, 70, 65, 80]    ← リストの中身が出力されます
```

インデックスを使用した要素の参照

KEYWORD
- ●参照
- ●インデックス

注❷-18
値にアクセスすることを参照といいます。

リストに含まれている個々の要素を参照（さんしょう）（注❷-18）するには、インデックスと呼ばれる数字を使って次のように記述します。

書式❷-9 リストの要素へのアクセス

> 変数名[インデックス]
> ▶インデックスで指定した位置に格納されている要素を参照します

インデックスは0から始まり、0が先頭の要素に対応します。たとえば、scores[0]と記述すると、先ほど作成したリストの先頭の要素である値50を参照できます。scores[1]と記述すると、2番目の要素を参照できます。要素の数が5の場合、末尾の要素はインデックス4に対応します。つまり、**配列のインデックスは0から「要素の数-1」の値をとります。**「要素の数-1」を超えるインデックスは使用できません。たとえば、scoresは、要素数が5なので、scores[5]やscores[6]と記述すると、インデックスが使用できる範囲を超えてしまい、エラーが発生します。

次に例を示します。

```
>>> scores = [50, 55, 70, 65, 80]
>>> print(scores[0])    ← インデックスが0（つまり先頭）の要素を参照します
50
>>> print(scores[2])    ← インデックスが2（つまり3番目）の要素を参照します
70
>>> print(scores[5])    ← インデックスが5（つまり6番目）の要素はないので、エラーが発生します
Traceback (most recent call last):
  File "<stdin>", line 1, in <module>
IndexError: list index out of range
```

インデックスにマイナスの値を指定することもできます。-1が末尾の要素に対応し、値が1小さくなるごとに、1つずつ手前の要素を参照します。この様子を図に示すと図❷-3のようになります。

図❷-3 リストの要素とインデックスの対応

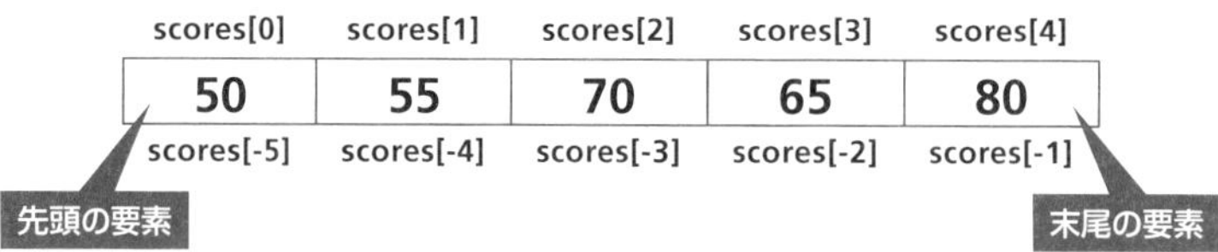

次のようにして、インデックスにマイナスの値を指定できます。

```
>>> scores = [50, 55, 70, 65, 80]
>>> print(scores[-1])    ← インデックスが-1（つまり末尾）の要素を参照します
80
>>> print(scores[-2])    ← インデックスが-2（つまり後ろから2番目）の要素を参照します
65
```

インデックスで指定した要素の値は参照するだけでなく、代入によって後から変更できます。

```
>>> scores[0] = 100          ← 先頭の要素の値を100にします
>>> print(scores)            ← リストの中身を出力します
[100, 55, 70, 65, 80]        ← 先頭の要素の値が100に変わりました
```

リストの長さの取得

リストの長さ（リストに含まれる要素の数）を、42ページで紹介した`len`関数を使用して取得できます（注❷-19）。

注❷-19
42ページでは文字列の長さを取得するために使用しました。

書式❷-10 len関数

```
len(リスト)
▶リストの長さを返す
```

たとえば、次のようにしてリストの長さを確認できます。

```
>>> days = ['Sun', 'Mon', 'Tue', 'Wed', 'Thu', 'Fri', 'Sat']  ← 文字列を要素とするリストです
>>> len(days)
7    ← リストdaysには7つの要素が含まれることがわかります
```

ここでは、リストに複数の値を格納できること、要素を参照する方法、要素の数を調べる方法を説明しました。

他にも、後から要素の追加と削除をしたり、要素の並べ替えをしたりすることで、さまざまなプログラムを作れるようになります。これらの処理の具体的な方法は4-3節で詳しく学びます。

登場した主なキーワード

- **リスト**：複数の値を格納して管理できるもの。
- **インデックス**：リストに格納されている要素を取得する際に、その位置を指定するための値。

まとめ

- リストには、複数の値を格納できます。
- リストに格納されている要素は、インデックスを指定して参照できます。インデックスが0のときに、先頭の要素が参照されます。

2-4 モジュールの利用

学習のポイント

- 便利な機能を提供するモジュールについて学びます。
- mathモジュールを例にして、モジュールに含まれる機能を使用する方法を知ります。
- ドキュメントの見かたを学びます。

モジュール

Pythonの強みの1つとして、幅広い分野の処理を実現するための機能が豊富に準備されていることが挙げられます。これらの機能を管理する単位として、モジュールというものがあります（注❷-20）。必要に応じて、モジュールに含まれる機能を使用できます。データ解析や画像処理など、高度な処理も、用途に応じて用意されたモジュールを組み合わせることで実現できます。Pythonでさまざまな処理を行うためには、このモジュールの使い方を知っておく必要があります。

KEYWORD
- モジュール

注❷-20
複数のモジュールをまとめて、あとから追加でインストールできるような形にしたものをライブラリといいます。

モジュールの仕組みをしっかり理解するには、第5章以降で学習する、関数やクラスについて理解する必要がありますが、ここでは簡単な例を取り上げて紹介します。関数とクラスについて一通り理解ができた後で、またこの説明に戻ってくると、より理解が深まるでしょう。

高度な計算をする（mathモジュールの利用）

これまでに見てきたように、Pythonでは四則演算などの計算を行うことができましたが、そのままではsin、cosなどの三角関数やルート（平方根）の計算など、より高度な計算を行うことができません。そこで、これらを計算するための関数が用意されているmath（マス）モジュールを利用します。

KEYWORD
- mathモジュール
- インポート

モジュールに含まれる関数を使用するためには、対象となるモジュールを事前に読み込む必要があります。これを、モジュールのインポートといい、次の構文（import文）で実現します。

KEYWORD
● import文

構文❷-1 モジュールのインポート

```
import モジュール名
```

mathモジュールに含まれる関数を使用するためには、関数を使用する前に

```
>>> import math
```

とします。モジュールのインポートは、最初に1回記述するだけで済みます(注❷-21)。そうすると、表❷-4に示すような、mathモジュールに準備されている便利な関数を、

```
math.関数名(引数)
```

という記述で使用できるようになります。

注❷-21
インタラクティブシェルを終了させた場合、再起動後に、再びインポートする必要があります。

表❷-4 mathモジュールに含まれる関数の例

関数	説明
ceil(x)	xの値以上の最小の整数を返す
cos(x)	xの余弦（コサイン）を返す。xの単位はラジアン
floor(x)	xの値以下の最大の整数を返す
exp(x)	e（自然対数の底。ネイピア数）のx乗を返す
log(x)	xの自然対数を返す
sqrt(x)	xの平方根を返す
sin(x)	xの正弦（サイン）を返す。xの単位はラジアン
tan(x)	xの正接（タンジェント）を返す。xの単位はラジアン
radians(x)	角度xをラジアンに変換した値を返す
atan(x)	xの逆正接（アークタンジェント）を返す

それでは、mathモジュールを使った例を見てみましょう。

```
>>> import math                  ← mathモジュールをインポートします
>>> print(math.sqrt(2))          ← sqrt関数で2の平方根の計算をします
1.4142135623730951
>>> print(math.floor(12.345))    ← floor関数で小数点以下を切り捨てます
12
```

注❷-22
0°～360°の角度を0～2πの値で表す方法です。

sin、**cos**などの三角関数を使う場合には、引数の単位に注意が必要です。引数はラジアン（弧度法（注❷-22））なので、0°～360°の値を、0～2πの値に変換する必要があります。この変換は**math**モジュールの**radians**関数で行えます。たとえば、sin(30°)の値を求めるには、次のように**math.radians(30)**という記述によって30°をラジアンに変換したものを**sin**関数の引数にします。

```
>>> print(math.sin(math.radians(30)))   ← sin(30°)を求めます
0.49999999999999994   ← 正しい値は0.5ですが、誤差が含まれています
```

KEYWORD
●定数

mathモジュールには、関数だけでなく、表❷-5に示す定数（ていすう）も含まれます。

表❷-5 mathモジュールに含まれる定数

定数名	値
pi	円周率 3.141592653589793
e	自然対数の底 2.718281828459045

これらの定数は、次の書式で参照できます。

書式❷-11 モジュールに含まれる定数の参照

```
モジュール名.定数名
```

たとえば次のようにして、**math**モジュールに含まれる定数**pi**（円周率）を使用して半径5の円の面積を計算できます。

```
>>> r = 5   ← 変数rに半径の値5を代入します
>>> print(r * r * math.pi)   ← 円の面積の公式は（半径×半径×円周率）です
78.53981633974483
```

乱数を使う（randomモジュールの活用）

KEYWORD
●randomモジュール

これまでに説明したプログラムコードは、何度実行しても毎回同じ結果が出力されます。しかし、じゃんけんゲームや、すごろくゲームのように、実行するたびに違う結果となるプログラムを作りたい場合があります。そのときは、**random**（ランダム）モジュールに含まれる**randint**関数を使うと便利です。**randint**関数は、

```
randint(a, b)
```

のように2つの整数aとbを引数に与えると、a以上b以下のランダムな整数（乱数（らんすう））を返します。

KEYWORD
●乱数

サイコロを振ったときのように、1～6の間のランダムな値を得るには、次のようにします。

```
>>> import random            ← randomモジュールをインポートします
>>> random.randint(1, 6)     ← randint関数を使用します
2    ← 1～6の範囲でランダムに得られた値です。毎回結果が異なります
```

randomモジュールに含まれるchoice関数は、リストなど複数の要素を持つもの（注❷-23）からランダムに要素を1つ選択します。

注❷-23
リスト以外にも複数の要素を格納できるものがあります。第4章では、辞書とセットについて学習します。

次のプログラムコードでは、グー、チョキ、パーのいずれかが、毎回ランダムに出力されます。

```
>>> import random            ← すでにrandomモジュールをインポートした後であれば記述は不要です
>>> janken = ['グー', 'チョキ', 'パー']    ← 3つの要素を持つリストです
>>> random.choice(janken)    ← リストjankenに含まれる要素からランダムに1つ選びます
'グー'    ← 毎回結果が異なります
```

randomモジュールには、表❷-6のような関数があるので、用途に応じて使い分けます。

表❷-6 randomモジュールの主な関数

関数	説明
random()	0以上1未満のランダムな浮動小数点数を返す
randint(a, b)	a以上b以下のランダムな整数を返す
randrange(x)	0から（x-1）までのランダムな整数を返す
choice(list)	listからランダムに1つ選んだ要素を返す

モジュールに別名をつけて使う

モジュール名が長い場合に、そのモジュール名を毎回入力するのは手間です。そのため、次の構文によってモジュールに別名をつけてインポートできます。

構文❷-2 モジュールに別名をつけてインポートする

```
import モジュール名 as 別名
```

たとえば次のようにして、**math**モジュールを、**m**という1文字の別名を使ってインポートできます。

```
>>> import math as m
```

このようにすると、これまで「**math.sqrt(2)**」のように記述していたものを、「**m.sqrt(2)**」のように記述できます（注❷-24）。

注❷-24
別名をつけてインポートした場合は、元の表記（**math.sqrt**）は使用できません。

ワン・モア・ステップ！

関数単位でのインポート

次のような表記で、モジュールに含まれる指定した関数だけをインポートできます。

構文❷-14 関数のインポート

```
from モジュール名 import 関数名
```

この場合、モジュール名を記述しなくても、インポートした関数をそのまま使用できるようになります。使用例は次のようになります。

```
>>> from math import sqrt        ← mathモジュールのsqrt関数をインポートします
>>> print(sqrt(2))               ← モジュール名を記さなくてもsqrt関数を使用できます
```

このように使用したい関数が複数ある場合には、次のようにカンマで区切って並べます。

```
from math import sqrt, sin, cos
```

次のようにアスタリスク（*）を使うと、モジュールに含まれるすべての関数や定数が対象となります。

```
from モジュール名 import *
```

ドキュメントを読む

`math`モジュールに含まれる関数は表❷-4に示したもの以外にもたくさんあります。そして、Pythonで使用できるモジュールは`math`モジュール以外にもたくさんあります。それらをすべて本書で説明することはとうていできません。

そのため、自分の力で、どのようなモジュールがあるのか調べたり、特定の関数の使い方を調べたりできることがとても大切になります。

インターネットで、「Python」というキーワードに続けて、調べたいことを検索すれば関連情報がたくさん得られますが、きちんと整備された公式ドキュメントを調べることを習慣にすることで、正確な知識を身につけることができます。

KEYWORD
●標準ライブラリ

Pythonに最初から用意されている標準（ひょうじゅん）ライブラリについて知るには、次のURLのページを参照しましょう。

https://docs.python.org/ja/3/library/index.html

画面❷-1のような、Pythonの標準ライブラリを解説するページが表示されます。今後も必要に応じて参照できるように、ブラウザのブックマークに登録しておくとよいです。

KEYWORD
●リファレンスマニュアル
●ドキュメンテーション
●ドキュメント

このようなPythonでできることを説明した文書のことを、リファレンスマニュアル、または単にドキュメンテーション（またはドキュメント）といいます。

画面❷-1　Python標準ライブラリのリファレンスマニュアルのページ

Python » Japanese | 3.9.0 | Documentation » | クイック検索 | 検索 | 前へ | 次へ | モジュール | 索引

前のトピックへ
10. 完全な文法仕様

次のトピックへ
はじめに

このページ
バグ報告
ソースコードを表示

Python 標準ライブラリ

Python 言語リファレンス ではプログラミング言語 Python の厳密な構文とセマンティクスについて説明されていますが、このライブラリリファレンスマニュアルでは Python とともに配付されている標準ライブラリについて説明します。また Python 配布物に収められていることの多いオプションのコンポーネントについても説明します。

Python の標準ライブラリはとても拡張性があり、下の長い目次のリストで判るように幅広いものを用意しています。このライブラリには、例えばファイル I/O のように、Python プログラマが直接アクセスできないシステム機能へのアクセス機能を提供する (Cで書かれた) 組み込みモジュールや、日々のプログラミングで生じる多くの問題に標準的な解決策を提供するPython で書かれたモジュールが入っています。これら数多くのモジュールには、プラットフォーム固有の事情をプラットフォーム独立な API へと昇華させることにより、Pythonプログラムに移植性を持たせ、それを高めるという明確な意図があります。

Windows 向けの Python インストーラはたいてい標準ライブラリのすべてを含み、しばしばそれ以外の追加のコンポーネントも含んでいます。Unix 系のオペレーティングシステムの場合は Python は一揃いのパッケージとして提供されるのが普通で、オプションのコンポーネントを手に入れるにはオペレーティングシステムのパッケージツールを使うことになるでしょう。

標準ライブラリに加えて、数千のコンポーネントが (独立したプログラムやモジュールからパッケージ、アプリケーション開発フレームワークまで) 成長し続けるコレクションとしてPython Package Index から入手可能です。

- はじめに
  - 利用可能性について
- 組み込み関数
- 組み込み定数
  - site モジュールで追加される定数
- 組み込み型
  - 真理値判定
  - ブール演算 --- and, or, not
  - 比較
  - 数値型 int, float, complex
  - イテレータ型
  - シーケンス型 --- list, tuple, range
  - テキストシーケンス型 --- str
  - バイナリシーケンス型 --- bytes, bytearray, memoryview
  - set（集合）型 --- set, frozenset

画面❷-1の上部にある［クイック検索］の欄に「math」というキーワードを入れて検索すると、検索結果の一覧の先頭に**math**ライブラリが表示されます(画面❷-2)。

画面❷-2　「math」をキーワードとした検索結果

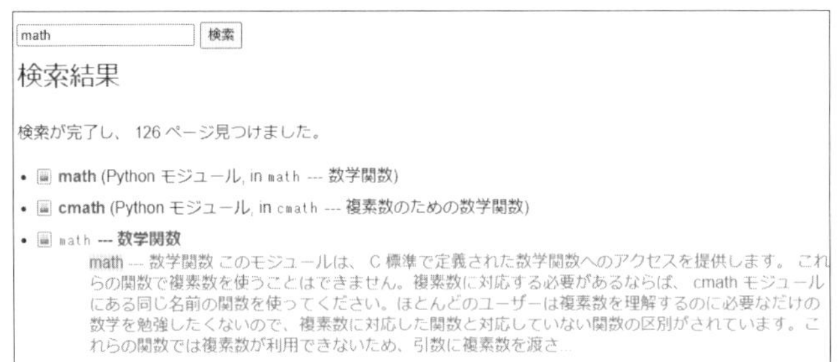

math | 検索

検索結果

検索が完了し、126 ページ見つけました。

- **math** (Python モジュール, in math --- 数学関数)
- **cmath** (Python モジュール, in cmath --- 複素数のための数学関数)
- math **--- 数学関数**
  math --- 数学関数 このモジュールは、C 標準で定義された数学関数へのアクセスを提供します。これらの関数で複素数を使うことはできません。複素数に対応する必要があるならば、cmath モジュールにある同じ名前の関数を使ってください。ほとんどのユーザーは複素数を理解するのに必要なだけの数学を勉強したくないので、複素数に対応した関数と対応していない関数の区別がされています。これらの関数では複素数が利用できないため、引数に複素数を渡さ...

リンク先のページに移動すると**math**モジュールに含まれる関数の一覧を見ることができます(画面❷-3)。ここで、関数の内容や使い方を知ることができます。

画面❷-3　mathモジュールの説明

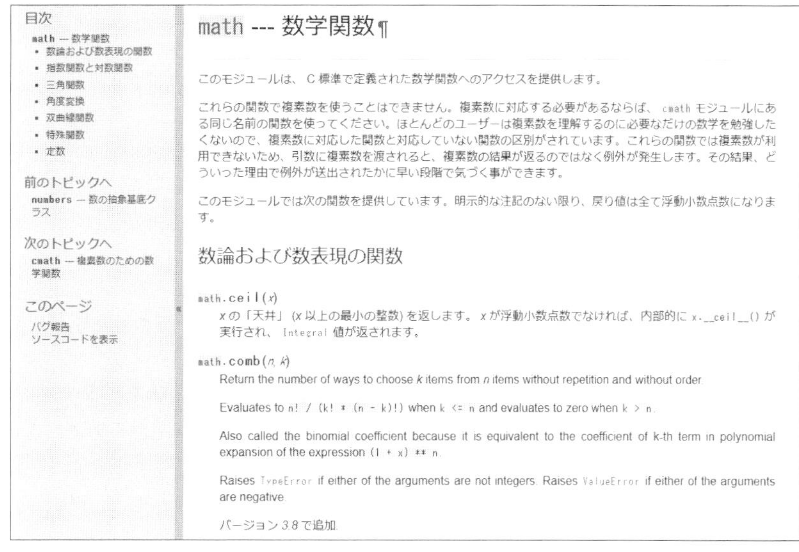

画面❷-1のページで、「組み込み関数」のリンク先をたどると、これまでに学習した**print**関数を含む、たくさんの関数があることがわかります（注❷-25）。

注❷-25
関数の引数の見かたについては、147ページ「5-2　関数の引数」で解説しています。

［クイック検索］以外にも、表示されているページから特定のキーワードを見つける用途で、ブラウザの検索機能も活用しましょう（注❷-26）。

注❷-26
ほとんどのブラウザで、Ctrl＋Fキーまたはcommand＋Fキーでページ内の検索ができます。

このようなドキュメントを参照することは、とても大事なことです。関数の使い方を知りたいと思ったときには、ドキュメントを調べる習慣を身につけましょう。

登場した主なキーワード

- **モジュール**：関数や定数などをまとめたもの。
- **import文**：使用するモジュールを読み込むための構文。
- **mathモジュール**：**sin**、**cos**をはじめ、数学に関係する計算を行うための関数が含まれるモジュール。

まとめ

- Pythonには、便利な関数をまとめたモジュールと呼ばれるものが多数あります。
- 「**import　モジュール名**」と記述することで、モジュールに含まれる関数や定数を使用できるようになります。

- モジュールに含まれる関数を使用する場合には、「モジュール名.関数名(引数)」のように記述します。

練習問題

2.1 以下の記述について、正しいものには○を、誤りのあるものには×をつけてください。

(1) 一度int型の値を代入した変数aに対して、後から文字列を代入することはできない。

(2) int型の値とfloat型の値を加算するときには、その前にint型の値をfloat型に型変換しておく必要がある。

(3) int型とfloat型の値を含む算術演算の結果はfloat型になる。

(4) a = int(3.8)と記述した場合、変数aの値は4になる。

2.2 次の値を求める式を書いてください。

(1) 100を9で割った商

(2) 1000を7で割った余り

(3) 3の5乗

2.3 次の命令文を、加算代入(+=)、減算代入(-=)、乗算代入(*=)、除算代入(/=)、剰余代入(%=)の演算子を使って、短い表現に書き換えてください。

(1) a = a + 5

(2) b = b - 6

(3) c = c * a

(4) d = d / 3

(5) e = e % 2

2.4 次のプログラムコードを実行した後の変数aの値を答えてください（対話モードで実行するときに表示されるプロンプト「>>>」は省略しています）。

(1)

```
a = 3
a *= 3
```

(2)

```
b = 2
a = b * b
```

(3)

```
a = int(1.9)
```

(4)

```
x = 'XXX'
y = 'YYY'
a = x + y
```

2.5 「私は21歳です。」という文字列が出力されるように作成した次のプログラムコードは、実行するとエラーが発生します。適切に動作するように修正してください（対話モードで実行するときに表示されるプロンプト「>>>」は省略しています）。

```
age = 21
print('私は' + age + '歳です。')
```

2.6 mathモジュールを利用して、cos(120°)の値を求めてください。

2.7 ドキュメントでrandomモジュールのrandrange関数の使用方法について調べてください。

COLUMN

2進数と10進数

私たちが日常扱っている数は10進数で表されていますが、コンピュータの中では2進数で数が扱われます。たとえば2進数で**1110**と表される4桁の数字は、右から順番に1の位、2の位、4の位、8の位、となるので、**(8×1)+(4×1)+(2×1)+(1×0)**と計算することで、10進数で14と表される数だとわかります。

0から31までの、2進数と10進数の対応は表❷-1のとおりです。

表❷-1 2進数と10進数の対応

10進数	2進数	10進数	2進数	10進数	2進数	10進数	2進数
0	0	8	1000	16	10000	24	11000
1	1	9	1001	17	10001	25	11001
2	10	10	1010	18	10010	26	11010
3	11	11	1011	19	10011	27	11011
4	100	12	1100	20	10100	28	11100
5	101	13	1101	21	10101	29	11101
6	110	14	1110	22	10110	30	11110
7	111	15	1111	23	10111	31	11111

Pythonでは、**bin**関数を使って10進数を2進数で表した文字列に変換できます。

```
>>> bin(17)      ←10進数の値を引数にします
'0b10001'     ←17は2進数で10001と表されることがわかります
```

上記のように、**0b**という文字に続いて2進数が示されます。

これとは逆に、次のようにして2進数を10進数に変換できます。

```
>>> print(0b10001)  ←0bの後に2進数を示します
17   ←10進数で出力されます
```

この**0b**の部分はプレフィックスといい、続く数字が2進数で表現されたものであることを示します（注❷-27）。

2進数の扱いに慣れると、**16**や**256**、**1024**などコンピュータに関係する話の中でよく見かける数字にも親しみがわいてきます。これらの数は、ちょうど**2**の累乗で表すことができて、2進数で数を扱うコンピュータには都合がいいのです。たとえば2進数8桁では、256種類の値を表現できます。そして、これによって表現できる情報量を8bit（ビット）（=1byte（バイト））といいます（注❷-28）。

KEYWORD

●プレフィックス

注❷-27

0o（ゼロと小文字のオー）は8進数、**0x**は16進数で用いられます。

注❷-28

スマートフォンの通信量の単位で用いられる1GB（ギガバイト）は約10億byteに相当します。

第3章　条件分岐と繰り返し

Python

この章のテーマ

本章のはじめに、ファイルに保存したプログラムコードを実行する方法を学びます。また、Pythonのプログラムコードで大事な役割をするインデントについて学びます。続いて、条件に応じて処理の内容を切り替える方法や、同じ処理を繰り返させる方法など、特定の構文に従って、プログラムの処理の流れを制御する方法を学習します。

3-1　一歩前に進むための準備

- ファイルに保存したプログラムコードの実行
- キーボードからの入力の受け取り
- コメント文
- インデントとブロック

3-2　条件分岐

- 条件式と真偽値
- if文
- 条件式と関係演算子
- if ～ else文
- if ～ elif ～ else文

3-3　論理演算子

- 論理演算子の種類
- 演算子の優先順位
- if文と真偽値

3-4　処理の繰り返し

- 繰り返し処理
- while文
- for文
- rangeオブジェクト
- ループ処理の流れの変更
- ループ処理のネスト

3-1　一歩前に進むための準備

学習のポイント

- これからさらに学習を進めていくための基礎固めをします。
- Pythonのプログラムコードをファイルに保存して実行する方法を学びます。
- インデント（行頭の空白）には大事な役割があることを知ります。

ファイルに保存したプログラムコードの実行

これまでは、インタラクティブシェルによる対話モードでプログラムを実行する方法を紹介してきました。この方法は、実行した結果をすぐに確認できるので便利ですが、行数の多いプログラムを作成するのには不向きです。そこで、プログラムコードをテキストエディタで作成してファイルに保存し、そのファイルに保存されたプログラムコードを実行する方法を説明します。プログラムコードをファイルに保存すると、後から一部分だけ修正するのも簡単です。また、コンピュータを再起動した後にも再度実行できたり、他の人と共有できたり、便利なことがたくさんあります（注❸-1）。

これまでの対話モードで入力したのと同じ内容のプログラムコードをテキストエディタなどで作成し（注❸-2）、ファイルに保存します。ファイルに保存するときには、拡張子を **.py** にします。保存時の文字コード（注❸-3）はUTF-8にします。

List❸-1は、簡単なプログラムコードを **simple_example.py** というファイルに保存した例です（注❸-4）。

List❸-1　3-01/simple_example.py

```
a = 10
b = 20
c = a * b
print(c)
```

対話モードでない場合、出力のための **print** 関数は省略できないので注意

注❸-1
ファイルに保存したプログラムコードを実行すると、中間言語にコンパイルされたものが別のところに保存され、2回目以降は高速に実行されるという利点もあります。

注❸-2
Windowsに付属のメモ帳でもよいですし、Visual Studio Codeというコードエディタを使用することもできます。

KEYWORD
●文字コード

注❸-3
どのようなデータ形式で文字を表現するかを定めたものです。

注❸-4
左端に青字で記した数字はプログラムコードを見やすくするために本書で追加した行番号です。実際のプログラムコードには含まれません。

が必要です（注❸-5）。

付録Aで説明している方法（注❸-6）で実行すると、次のような出力結果が得られます。

> 注❸-5
> これまで使ってきたtype関数も、print(type(変数名))のようにする必要があります。

> 注❸-6
> Windowsの場合はWindows Power Shellで「python ファイル名」と入力して実行します。macOSの場合はターミナルで「python3 ファイル名」と入力します。詳しくは付録Aを参照してください。

実行結果

```
PS C:¥python> python simple_example.py
200
```

キーボードからの入力の受け取り

プログラムコードをファイルに保存して実行すると、毎回同じようにしか動作しないと思うかもしれませんが、そうではありません。プログラムは、実行中にキーボードから入力した文字列を受け取ることができます。受け取った文字列に応じて、実行結果が変化するようなプログラムを作成できます。

キーボードからの入力を受け取るにはinput関数を使用します。

> KEYWORD
> ●input関数

書式❸-1 input関数

> **input(標準出力に出力する文字列)**
> ▶引数で渡された文字列を標準出力に出力し、続いて標準入力から文字列を受け取る

input関数は、引数で渡された文字列を出力し、続いて標準入力（注❸-7）から文字列を受け取ります。たとえば、「**名前を入力してください**」というような文字列を引数に渡すと、それが画面に表示されるので、ユーザー（注❸-8）は名前を入力すればよいのだということがわかります。ユーザーが文字列を入力し、それに続いてEnterキーを押すと、入力された文字列が**input**関数の戻り値となります（注❸-9）。その文字列を何かの変数に代入することで、プログラムの中で参照できます。

> 注❸-7
> プログラムがコンソールで実行されている場合には、コンソールが標準入力になります。

> KEYWORD
> ●ユーザー
> ●戻り値

> 注❸-8
> プログラムを利用する人のことをユーザーといいます。

> 注❸-9
> 関数から得られる値のことを「戻り値」といいます。

List❸-2は、キーボードから入力される名前の情報を受け取って、あいさつを返すプログラムです。

List❸-2 3-02/greed.py

```
name = input('名前を入力してください¥n')   ← キーボードからの入力を変数nameで受け取ります（注❸-10）
print(name + 'さん、こんにちは。')         ← 受け取った文字列を使ってメッセージを出力します
```

> 注❸-10
> input関数は、文字列を出力するときに改行をしないので、¥nという記号によって改行することを指示します。

実行結果

```
名前を入力してください   ← プログラムからの出力です
田中たかし              ← キーボードで入力した文字列です
```

```
田中たかしさん、こんにちは。
```
←入力された文字列を使ったメッセージが出力されました

数字を入力した場合も、それは文字列として扱われるので、受け取った数字を計算に使いたいときには注意が必要です。34ページ「数値の型と型変換」で学習したように、計算をする前に文字列を`int`型または`float`型に変換する必要があります。List❸-3は、長方形の面積を計算して出力するプログラムコードの例です。

List❸-3　3-03/rectangle_area.py

```
print('長方形の面積を求めます。')
height = float(input('高さを入力してください¥n'))
width = float(input('幅を入力してください¥n'))
print(f'面積は{height * width}です')
```

2〜3行目：入力された数字（文字列）をfloat型に変換します
4行目：計算結果を出力します

実行結果

```
長方形の面積を求めます。
高さを入力してください。
6.2
幅を入力してください
5.0
面積は31.0です
```

6.2 ←キーボードで入力した文字列です
5.0 ←キーボードで入力した文字列です

コメント文

他の人にプログラムコードを見てもらうときや、後でプログラムコードを見直すときのために、プログラムコードの中には「メモ書き」を入れておくことができます。このメモ書きのことをコメント文（またはコメント）といいます。コメント文には日本語も使えます。

プログラムコードの中に#記号を書くと、その後ろにコメント文を1行書くことができます（注❸-11）。コメント文はプログラムの動作には何も影響を与えません。

List❸-4は、List❸-3にプログラムの動作を説明するためのコメント文を入れた例です。

KEYWORD

- ●コメント文
- ●コメント

注❸-11

他の言語の多くには複数行のコメント文を書くための方法がありますが、Pythonにはありません。

List❸-4　3-04/rectangle_area.py

```
# 長方形の面積を求めるプログラム
# 作成日:2021-04-01
# 作成者:三谷純

# はじめにメッセージを出力する
```

```
print('長方形の面積を求めます。')

# 高さを受け取る（入力された数字（文字列）をfloat型に変換）
height = float(input('高さを入力してください¥n'))

# 幅を受け取る（入力された数字（文字列）をfloat型に変換）
width = float(input('幅を入力してください¥n'))

# 面積（高さ×幅）を計算して出力する
print(f'面積は{height * width}です')
```

本書では、コメント文の代わりに次のような吹き出し、

を使ってプログラムコードに説明をつけていますが、実際のプログラムコードには吹き出しを入れられません。コメント文を活用してわかりやすい説明を入れるように心がけましょう。

インデントとブロック

KEYWORD
●インデント

各行の先頭からプログラムコードの先頭までの間の空白のことをインデントといいます。

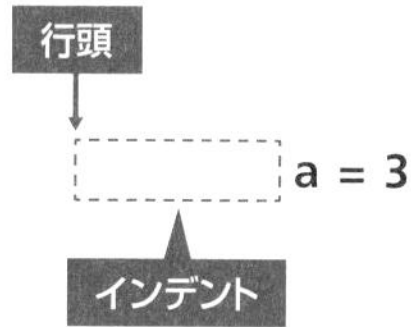

KEYWORD
●ブロック

注❸-12
他の言語では、{ }などの記号を使ってブロックを表すことが多いですが、Pythonでは、記号の代わりにインデントを使用します。

注❸-13
インデントに用いる半角スペースの数は、ブロックの中で統一されていれば、いくつでもかまいませんが、4個単位にすることが一般的です。VSCodeなどの統合開発環境では、Tabキーを押すと半角スペース4つ分のインデントを入力できるようになっていることがあります。

たいていのプログラミング言語では、プログラムコードを読みやすくするためにインデントを使用します。それは人間のためであって、プログラムには何も影響しません。しかし、Pythonでは違います。これまでの説明では、インデントを使うことはありませんでしたが、**このインデントがPythonのプログラムコードでは重要な役割をします。**

Pythonでは、図❸-1のように、インデントによって、プログラムコードをいくつかのまとまりに分けます。このプログラムコードのまとまりを**ブロック**といいます（注❸-12）。インデントのサイズによって、ブロックの中にブロックが含まれるような階層構造をつくれます。

インデントは、**半角スペース4個を1つの単位とします。**階層を深くするには、

8個、12個、16個……というように増やしていきます（注❸-13）。

図❸-1　インデントとブロックの関係

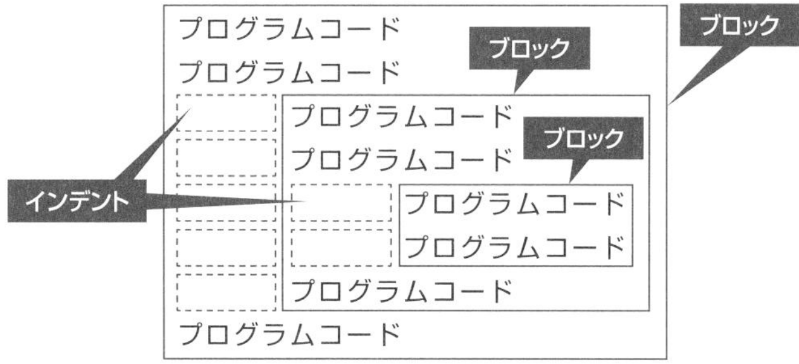

これ以降の説明では、ブロックの概念を使用する例が多く登場します。プログラムコードをブロックに分けるためにインデントが使われるということを覚えておきましょう。

登場した主なキーワード

- **コメント文**：#記号の後に記すメモ書きのようなもの。プログラムの実行結果には影響を与えません。
- **インデント**：行の先頭からプログラムコードの先頭までの間の空白のこと。一般的に、半角の空白4個で1つの単位とします。
- **ブロック**：インデントの幅によって分けられるプログラムコードの1つの単位。

まとめ

- プログラムコードをファイルに保存する際には、文字コードをUTF-8にして、拡張子を`.py`とします。
- `input`関数を使用して、キーボードからの入力を受け取ることができます。
- #記号を使用して、プログラムの実行に影響しないコメント文を追加できます。
- インデントが、プログラムコードのブロックを定義する、大事な役割をします。

3-2 条件分岐

学習のポイント

- 条件によって処理の内容を切り替える方法を学習します。
- 条件は真と偽のどちらかの値をとる式（条件式）で表現します。この式の値に基づいて、異なる処理を実行するようにできます。

条件式と真偽値

私たちが普段使用するプログラムでは、条件に応じて処理の内容を切り替える場面がたくさんあります。たとえば、「入力されたパスワードが正しければ次の処理に移り、そうでなければパスワードを再入力するための画面を表示する」というプログラムをよく目にします。このように、条件によって処理の内容を切り替えることを**条件分岐**（じょうけんぶんき）といいます。

KEYWORD
●条件分岐

具体的な例として、ある命令文を実行する条件が「変数`a`の値が`18`未満であること」だったとします。この場合、変数`a`の値が`16`であれば条件を満たすので命令文を実行し、変数`a`の値が`30`であれば条件を満たさないので命令文は実行しない、というように、変数`a`の値によって処理の内容が異なります。

「変数`a`の値が`18`未満であること」という条件は、プログラムコードでは「`a < 18`」という式で表すことができます。このように条件を表す式を**条件式**（じょうけんしき）といいます。この条件式では、変数`a`の値によって「条件を満たす」か「条件を満たさない」かのどちらかになります。

KEYWORD
●条件式

条件式の値は真偽値です。条件を満たす場合、式の値は`True`（真）になり、条件を満たさない場合、式の値は`False`（偽）になります。`True`と`False`は今後もよく出てくる重要なキーワードです。ここでしっかり覚えておきましょう。

if文

変数`age`（年齢）の値が`18`より小さい場合だけ「**まだ選挙権はありません**」という文字列をコンソールに出力するプログラムコードは、次のように書くことができます。

```
if age < 18:
    print('まだ選挙権はありません')   ← 行頭にインデント（半角の空白4つ）を入れます
```

KEYWORD
- if
- if文

ifというキーワードは、条件に応じて処理の内容を切り替える文（if文）を作ります。if文の構文は次のとおりです。

構文❸-1 if文

```
if 条件式:
    処理内容   ← インデントが必要です
```

条件式の後ろにコロン（:）をつけることに注意しましょう。「if 条件式:」の次の行には、インデントを入れます。ifに続いて書いた条件式がTrueのとき（つまり、条件を満たすとき）にだけ、インデントされたブロック内の処理が実行されます。このブロックのことをifブロックといいます。条件式がFalseのとき（つまり、条件を満たさないとき）には実行されません。

KEYWORD
- ifブロック

ifは「もしも」という意味を持つ単語です。ifを含むプログラムコードが出てきたら、

「もしも○○ならば××を実行する」

というように日本語に置き換えて読むと理解しやすいでしょう。○○が条件式、××が処理内容に該当します。

List❸-5のプログラムコードは、if文を使った例です。

List❸-5 3-05/if_example.py

```
1: age = 16
2: if age < 18:
3:     print('まだ選挙権はありません')   ← ageの値が18未満のときだけ実行されます
```

実行結果

```
まだ選挙権はありません   ← ifブロックの中の処理が実行されました
```

このプログラムコードでは変数ageの値が16に設定されているので、条件式age < 18の値はTrueになります。したがって、ifブロック内のprint('まだ選挙権はありません')が実行されます。

1行目をage = 30に変更すれば、条件式の値はFalseになり、ブロック内の処理は実行されません。つまり、プログラムを実行してもコンソールには何も

出力されません。

> **メモ**
>
> インデントを用いる構文がはじめて登場しました。Pythonでは、インデントが重要な役割をします。次のようにインデントを入れ忘れると、「`IndentationError: expected an indented block`」というエラーメッセージが表示されます。
>
> ```
> age = 16
> if age < 18:
> print('選挙権はありません')  ← インデントを入れ忘れています
> ```
>
> インデントは64ページ「インデントとブロック」で説明したように、半角スペース4個分で統一することをお勧めします。

図❸-2は、この条件分岐が実行されるときの流れ図です。条件式の値（`True`か`False`）によって、処理の内容が切り替わることがわかります。

図❸-2　条件分岐の流れ図

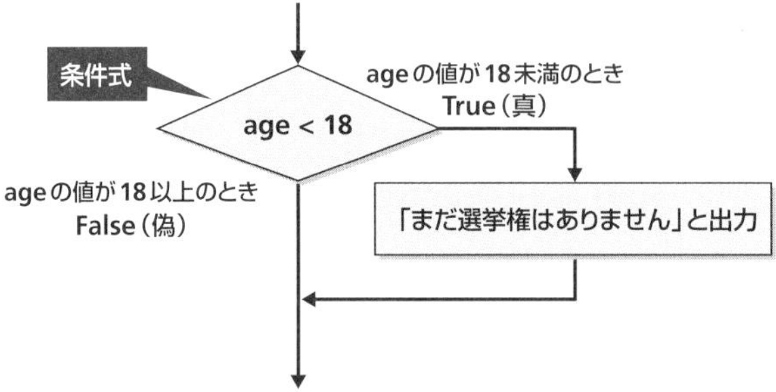

このように、条件によって処理が枝分かれすることを、「処理の流れが分岐する」といいます。

`if`ブロックの中には複数の命令文があってもかまいません。List❸-6は、ブロックの中に、

```
print('18歳になったら投票に行きましょう')
```

の1行を追加した例です。

List❸-6 3-06/if_example.py

```
age = 16
if age < 18:
    print('まだ選挙権はありません')
    print('18歳になったら投票に行きましょう')
```

（3～4行目）ifブロックです

実行結果

```
まだ選挙権はありません
18歳になったら投票に行きましょう
```

ifブロックの中の処理が実行されました

List❸-7のように、末尾にインデントのない命令文を追加すると、**if**ブロックの外側の命令文であると理解されます。そのため、条件式の真偽値とは関係なく、追加した命令文は常に実行されます（注❸-14）。

注❸-14
2行目から4行目までが**if**文であることが明確にわかるように、4行目の後に空行を入れるのが一般的です。

List❸-7 3-07/if_example.py

```
1: age = 16
2: if age < 18:
3:     print('まだ選挙権はありません')
4:     print('18歳になったら投票に行きましょう')
5: print('処理を終わります')
```

（3～4行目）ageの値が18未満のときに実行されるブロックです

（5行目）ageの値にかかわらず常に実行されます

これまでの例では、プログラムコードの中に**age**の値を書き込んでいました。これでは、毎回同じ結果になってしまいます。62ページ「キーボードからの入力の受け取り」で学習した、キーボードからの入力を受け取る仕組みを入れると、実用的なプログラムに一歩近づきます。

List❸-8は、年齢をキーボードから入力するようにした例です。

List❸-8 3-08/if_example.py

```
age = int(input('年齢を教えてください：'))
if age < 18:
    print('まだ選挙権はありません')
    print('18歳になったら投票に行きましょう')

print('処理を終わります')
```

（1行目 int(input('年齢を教えてください：'))）キーボードから入力された数字をint型にして、変数ageに代入します

実行結果

```
年齢を教えてください：17
まだ選挙権はありません
18歳になったら投票に行きましょう
処理を終わります
```

（17）キーボードから入力した値です

メモ

インタラクティブシェルでも、複数行にわたる構文を入力できます。List❸-5の内容をインタラクティブシェルで実行すると次のようになります。

```
>>> age  = 16
>>> if age < 18:
...     print('まだ選挙権はありません')   ←空白4つ分のインデントを入れます
...   ←何も入力せずにEnterキーを押します
まだ選挙権はありません
```

ifブロックが終わるまでは処理の内容が確定しないので、ブロックが終了するまで入力を継続することになります。入力が継続される間は、プロンプトの記号が「>>>」ではなく、「...」になります。ブロックを終わらせるには、何も入力せずにEnterキーを押します。これでifブロックの入力が終了したと判断され、プログラムが実行されます。

条件式と関係演算子

KEYWORD
●関係演算子

条件式では、表❸-1に示す関係演算子(かんけいえんざんし)を使って2つの値を比較することがよくあります。その結果はTrue（真）かFalse（偽）のどちらか一方になります。age < 18の例で見たように「左辺の値が右辺より小さい」ことを表す演算子は<です。2 < 3はTrueですが、3 < 2はFalseです。

表❸-1　関係演算子

演算子	説明	例
==	左辺と右辺が等しい	a == 1（変数aが1のときにTrue）
!=	左辺と右辺が等しくない	a != 1（変数aが1でないときにTrue）
>	左辺が右辺より大きい	a > 1（変数aが1より大きいときにTrue）
<	左辺が右辺より小さい	a < 1（変数aが1より小さいときにTrue）
>=	左辺が右辺より大きいか等しい	a >= 1（変数aが1以上のときにTrue）
<=	左辺が右辺より小さいか等しい	a <= 1（変数aが1以下のときにTrue）

変数ageの値が18と等しい場合にだけ命令文を実行するようにするには、関係演算子==を使って、条件式をage == 18とします。

次のように記述すれば、ageの値が18のときにだけ、「18歳ですね。投票に行けますよ。」という文字列が出力されます。

```
if age == 18:
    print('18歳ですね。投票に行けますよ。')
```

左辺と右辺が等しいことを意味する演算子は、`=`を2つ並べた`==`であることに注意しましょう（`=`が1つだと代入を意味します）。

なお、左辺と右辺が等しくないことを意味する演算子は`!=`です。たとえば、`age != 18`と書けば、「変数`age`が`18`ではない」という条件式になります。

KEYWORD
- if〜else文
- else

if〜else文

`if`文の後ろに`else`（エルス）を続けることで、条件を満たさない場合の処理を記述できるようになります。構文は次のとおりです。

構文❸-2 if〜else文

```
if 条件式:
    処理内容1
else:
    処理内容2
```

条件式が`True`の場合には処理内容1が実行され、条件式が`False`の場合には処理内容2が実行されます。

`else`は「そうでなければ」という意味を持つ単語です。`if`〜`else`を含むプログラムコードが出てきたら、

「もしも○○ならば××を実行し、そうでなければ△△を実行する」

と日本語に置き換えて読むと理解しやすいでしょう。○○が条件式、××が処理内容1、△△が処理内容2に該当します。

List❸-9のプログラムコードは、`if`〜`else`文を使用した例です。

List❸-9 3-09/if_else.py

```
age = 18
if age < 18:
    print('まだ選挙権はありません')  ← age < 18がTrueのときに実行されます
else:
    print('投票に行きましょう')  ← age < 18がFalseのときに実行されます
```

実行結果

```
投票に行きましょう
```

← elseブロック内の処理が実行されました

このプログラムでは、変数**age**の値を**18**としているので、条件式**age < 18**は**False**になります。結果として、**else**ブロック内の処理が実行され、「投票に行きましょう」と出力されます。

ageの値を**10**に変えると条件式が**True**になり、「まだ選挙権はありません」と出力されます。このように、**if**～**else**文を使うことで、変数の値によって実行される処理を切り替えることができます。

KEYWORD

- if～elif～else文
- elif

if～elif～else文

条件によって処理を2通りに分岐させるために**if**～**else**文を使いました。処理を3通り、またはそれ以上に分岐させる場合には、**if**文の後ろに**elif**（エルイフ）を続けることで条件分岐を追加できます。構文は次のとおりです。

構文❸-3 if～elif～else文

```
if 条件式1:
    処理内容1
elif 条件式2:
    処理内容2
else:
    処理内容3
```

この構文では、条件式1が**True**の場合は処理内容1が実行されます。条件式1が**False**で条件式2が**True**の場合は処理内容2が実行されます。条件式1も条件式2も**False**の場合にだけ処理内容3が実行されます。つまり、処理内容1～3のいずれか1つが必ず実行されることになります。

List❸-10のプログラムコードは、**elif**による条件分岐を含む処理の例です。

List❸-10 3-10/if_else_elif.py

```
age = 20
if age < 4:
    print('入場料は無料です')
elif age < 13:
    print('子供料金で入場できます')
else:
    print('大人料金が必要です')
```

実行結果

```
大人料金が必要です ←7行目の命令文が実行されました
```

このプログラムでは変数`age`の値が`20`なので、`age < 4`と`age < 13`の両方の条件式が`False`になります。したがって、7行目の命令文が実行されることになります。

図❸-3は、このプログラムの処理の流れを図にしたものです。

図❸-3 List❸-10の処理の流れ

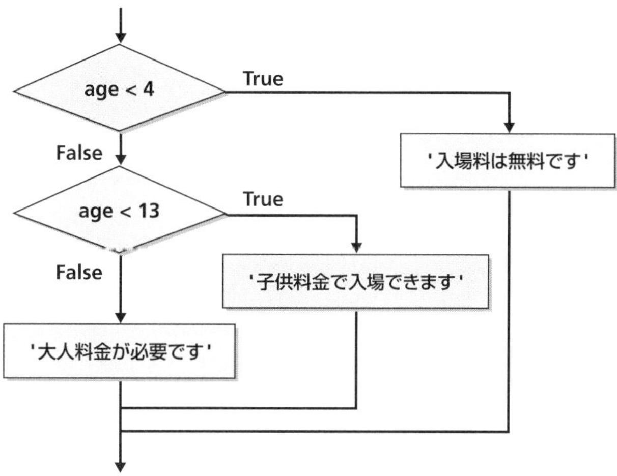

変数`age`の値を変更した場合、処理の流れがどのように変化するかを考えてみると、理解がより深まるでしょう。

`elif`による条件分岐は、List❸-11のようにいくつでも増やすことができます(注❸-14)。

> **注❸-14**
> Pythonには、たいていのプログラミング言語にある`switch`文がありません。

List❸-11 3-11/if_else_elif.py

```
1: age = 20
2: if age < 4:
3:     print('入場料は無料です')
4: elif age < 13:
5:     print('子供料金で入場できます')
6: elif age < 65:
7:     print('大人料金が必要です')
8: else:
9:     print('シニア割引の料金で入場できます')
```

実行結果

```
大人料金が必要です ←7行目の命令文が実行されました
```

ワン・モア・ステップ！

3項演算子

実際のプログラムでは、条件式の真偽に応じて変数に代入する値を切り替えることがよくあります。次のプログラムコードは変数**a**と**b**のうち、大きいほうの値を変数**c**に代入します。

```
if a > b:
    c = a    ← aがbより大きいときの処理です
else:
    c = b    ← aがbより大きくないときの処理です
```

この処理を、次の3項演算子(さんこうえんざんし)の構文を使って短く記述できます。

KEYWORD
●3項演算子

構文❸-4　3項演算子

```
値1 if 条件式 else 値2
```

条件式がTrueの場合、この式全体の値が「値1」になり、条件式がFalseの場合は「値2」になります。この3項演算子を使用すると、先ほどのプログラムコードは次のように1行で記述できます。

```
c = a if a > b else b
```

3項演算子は扱いに慣れるとプログラムコードを短くできて便利です。**if**～**else**文でも同じことが記述できるので、はじめのうちは無理に使う必要はありません。

登場した主なキーワード

- **条件式**：条件を満たすか判断するための式。**True**または**False**の値（真偽値）をとります。
- **関係演算子**：右辺と左辺の関係を判別する演算子（**表❸-1**参照）。
- **if文**：条件式の真偽値によって命令文の実行の有無を切り替えます。
- **if～else文**：条件式の真偽値によって実行する命令文を切り替えます。
- **if～elif～else文**：条件式の真偽値による命令文の切り替えを複数連結します。

まとめ

- 「条件を満たす」「条件を満たさない」の判断に用いる式を条件式といいます。
- 条件式の値は、条件を満たす場合には`True`（真）、満たさない場合には`False`（偽）になります。
- 左辺と右辺が等しいことを表す関係演算子は`==`、等しくないことを表す関係演算子は`!=`です。
- `if`文、`if`～`else`文および`if`～`elif`～`else`文を使うと、条件式の真偽値で処理を切り替えられます。

3-3 論理演算子

学習のポイント

- 論理演算子を使い、複数の条件の組み合わせを表現する方法を学びます。
- 演算子には評価の優先順位があることを知ります。

論理演算子の種類

これまでに見てきたように、「変数aの値が10である」という条件式は、

```
a == 10
```

と書くことができました。それでは、「変数aが10で、かつ変数bが5であること」や、「変数aが10であるか、または変数bが5であること」のように、複数の条件を組み合わせた条件式を書きたいときにはどうすればよいのでしょうか。

このときには、表❸-2に示す論理演算子(ろんりえんざんし)(and(アンド)とor(オア)とnot(ノット))を使用します。

KEYWORD
- 論理演算子
- and
- or
- not

表❸-2 論理演算子

演算子	動作	式がTrueになる条件	使用例
and	論理積	左辺と右辺の両方がTrueのとき	a > 0 and b < 0 (aが0より大きく、かつbが0より小さい場合にTrue)
or	論理和	左辺と右辺の少なくともどちらかがTrueのとき	a > 0 or b < 0 (aが0より大きい、またはbが0より小さい場合にTrue)
not	否定	右辺がFalseのとき(左辺はなし)	not a > 0 (aが0より大きくない場合にTrue)

論理演算子を使うことで、「変数aが10で、かつ変数bが5であること」は「a == 10 and b == 5」と記述できます。「変数aが10であるか、または変数bが5であること」は「a == 10 or b == 5」と記述できます。

論理演算子を使った例として、入場料が「13歳未満または65歳以上は無料」である場合に、年齢(age)に対して料金が必要かどうかの判断を画面に出力

するプログラムを見てみましょう（List❸-12）。

List❸-12　3-12/logic.py

```
1: age = 20
2: if age < 13 or age >= 65:
3:     print('入場料は無料です。')
4: else:
5:     print('料金が必要です。')
```

論理演算子のorを使用しています

変数ageの値が「13未満または65以上」のときに実行されます

変数ageの値が「13未満または65以上」ではないときに実行されます

実行結果

```
料金が必要です。
```

5行目の命令文が実行されました

ageの値を20としているので、age < 13 or age >= 65という条件式（変数ageが13より小さい、または変数ageが65以上）の値はFalseになります。その結果、elseブロックの処理が実行されます。

さらに、論理演算子を複数使うことで、より複雑な条件式を作ることができます。たとえば、

```
age > 13 and age < 65 and age != 20
```

とすれば、「変数ageが13より大きく、かつ65より小さく、かつ20でない」という条件を表すことができます。このように論理演算子を使うと、条件式をいくつでも組み合わせられます。

演算子の優先順位

突然ですが、次の式はどのような値を持っているでしょう。

```
a + 10 > b * 5
```

この式で使われているのは、算術演算子の+と*、関係演算子の>です。問題は、どの演算子から評価するかです。+と*では*を先に評価するのは数学と同じです。それでは、+や*と>ではどちらを先に評価すべきなのでしょうか？

演算子には評価の優先順位が決まっていて、プログラムではその順位に従って処理が行われます。**算術演算子と関係演算子では、算術演算子のほうが高い優先順位を持ちます。**したがって、先ほどの式はa + 10の値とb * 5の値が関係演算子>によって比較され、全体ではTrueとFalseのどちらかの値（真

偽値）となります。カッコ()を使って、

```
(a + 10) > (b * 5)
```

としても意味は同じです。処理の内容を理解しやすいので、プログラムコードを書くときには、このように左辺と右辺をそれぞれカッコで囲んだほうがよいでしょう。

また、関係演算子と論理演算子では、関係演算子のほうが高い優先順位を持っています。そのため、

```
a > 10 and b < 3
```

という条件式は、a > 10という条件式とb < 3という条件式の論理積（変数aが10より大きく、かつ変数bが3より小さい）になります。これもカッコを使用して、

```
(a > 10) and (b < 3)
```

と書くほうがわかりやすいでしょう。

これまでに学んできた演算子の優先順位をまとめると、表❸-3のようになります。1つの条件式の中に優先度が同じ演算子が含まれる場合は、左から順番に評価されます。種類が多いので、ここですべての順位を覚えられないかもしれませんが大丈夫です。カッコを使って、評価される順番をプログラムコードの中で明示すればよいのです。

注❸-15

Pythonでは演算子「< > <= >= == !=」の優先度がすべて同じに設定されています。これは、C言語およびJava言語とは異なるので注意が必要です。

表❸-3 演算子の優先順位（注❸-15）

優先順位	演算子
高い	`**`
↑	`*  /  %  //`
	`+  -`
	`<  >  <=  >=  ==  !=`
	`not`
↓	`and`
	`or`
低い	`:=`

ワン・モア・ステップ！

比較演算子の連結

「変数aの値が5より大きく、かつ10未満である」という条件式は、

```
(a > 5) and (a < 10)
```

と書くことができますが、この2つの比較演算を1つにまとめて、

```
5 < a < 10
```

KEYWORD
●比較演算子の連結

と書いてしまうことができます。これを比較演算子（ひかくえんざんし）の連結（れんけつ）といいます。シンプルで、変数**a**の範囲がわかりやすい書き方です。

比較演算子の連結が行われた場合は、左から順番に比較演算が評価されます。この例では、はじめに**5 < a**が評価され、続いて**a < 10**が評価されます。両方とも**True**のときに、全体の値が**True**になります。

次の例では、はじめに**a < b**が評価され、続いて**b == c**が評価されます。

```
a < b == c
```

次の書き方と同じです。

```
(a < b) and (b == c)
```

if文と真偽値

次の例は、**a**の値が**True**のときに処理内容を実行し、そうでない場合は何もしません。

```
if a == True:    ← aの値をTrueと比較しています
    処理内容
```

これは、次のように書くことができます。

```
if a:    ← 条件式の代わりに変数aの値を用います
    処理内容
```

`if`文では、条件式の代わりに、`True`または`False`の値をとる変数を使用することができるのです。

どちらも変数`a`の値が`True`のときだけ処理が実行されるため、まったく同じプログラムだということができます。後者のほうが簡潔で、よりよい書き方です。

次の例では、変数`a`の値が`True`なので、`if`ブロック内の「処理内容1」が実行されます。`a`の値を`False`にすると、`else`ブロック内の「処理内容2」が実行されます。

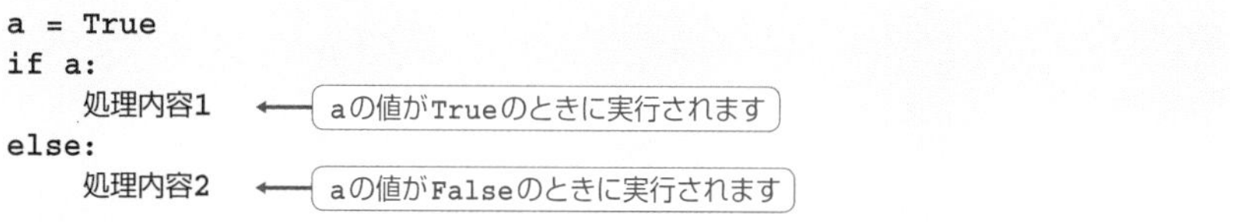

```
a = True
if a:
    処理内容1
else:
    処理内容2
```

aの値がTrueのときに実行されます
aの値がFalseのときに実行されます

否定の演算子「`not`」と変数を組み合わせることもできます。たとえば、

```
if not a:
    処理内容
```

という書き方をすると、先ほどとは反対に、変数`a`の値が`False`のときに処理が実行されます。

次の例では、変数`a`の値が`False`なので、`if`ブロック内の「処理内容1」が実行されます。`a`の値を`True`にすると、`else`ブロック内の「処理内容2」が実行されます。

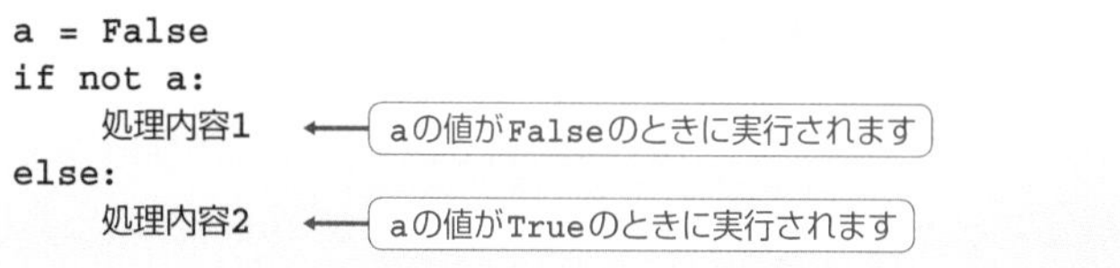

```
a = False
if not a:
    処理内容1
else:
    処理内容2
```

aの値がFalseのときに実行されます
aの値がTrueのときに実行されます

KEYWORD

●None

ワン・モア・ステップ！

Falseと同等に扱われる値

Pythonでは、変数aがbool型（真偽値型）でなくても、次のようなif文がエラーになりません。

```
if a:
    処理内容
```

変数の値がNone、0、''、()、[]、{}のいずれかであれば、Falseと同様に扱われます。それ以外の場合はTrueと同様に扱われます。None（ナン）は、「値がない」ということを意味する特別な値です。''は空の文字列、()、[]、{}は、第4章で学習する、空のタプル、空のリスト、空の辞書です。

登場した主なキーワード

- **論理演算子**：複数の条件を組み合わせるために使用する演算子。
- **and、or、not**：それぞれ、論理積、論理和、否定を表す論理演算子。

まとめ

- 論理演算子を使うことで、複数の条件の組み合わせを表現できます。
- 左辺と右辺の両方がTrue（真）であることを条件にするには、論理積（and）を使います。
- 左辺と右辺の少なくとも一方がTrue（真）であることを条件にするには、論理和（or）を使います。
- すべての演算子の間には、評価の優先順位があります。プログラムコードを見やすくするためにも、先に処理すべき演算はカッコ()で囲むようにします。

3-4 処理の繰り返し

学習のポイント

- ループ構文を使用して、同じ処理を繰り返す方法を知ります。
- ループ構文には`while`文と`for`文があります。
- `for`文によって、リストに含まれる要素1つ1つを取り出して処理を行えます。

繰り返し処理

プログラムでは、ある処理を何度も繰り返し実行したいことがよくあります。これから学習する`while`文と`for`文によって、繰り返しの処理を簡単に記述できます（注❸-16）。

たとえば、1から100までの数を順番に足し合わせるプログラムで、`1 + 2 + 3 +` ……と続けて100まで足し合わせる式を書いていては大変です。このような処理も、ここで学習する繰り返し処理の構文を使うことで、簡単に実現できます（注❸-17）。

また、リストに格納された要素1つ1つに対して特定の処理を行いたいことがよくあります。このような場合には`for`文を使用します。

注❸-16
Pythonには、たいていのプログラミング言語にある`do`～`while`文がありません。

注❸-17
もちろん1からnまでの和が`n*(n+1)/2`と等しいことを知っていれば簡単に求まりますが、ここでは、あえて順番に足していくものとしましょう。

while文

`while`（ホワイル）文（ぶん）は、命令を繰り返し実行させる目的で使います。`while`文を使ったList❸-13のプログラムコードは、「こんにちは。」という文字列をコンソールに出力する処理を5回繰り返します。

KEYWORD
●`while`文

List❸-13　3-13/while_example.py

```
i = 0
while i < 5:
    print('こんにちは。')
    i += 1
```

実行結果

```
こんにちは。
こんにちは。
こんにちは。
こんにちは。
こんにちは。
```

「こんにちは。」という文字列が5回出力されています

List❸-13で使用している`while`文の構文は次のとおりです。

構文❸-5 while文

```
while 条件式:
    処理内容
```

まず「条件式」が評価され、これが`True`であれば、続くブロック内の処理が実行されます。その後、再び「条件式」が評価されます。この繰り返し処理は、「条件式」を評価した結果が`False`になった時点で終わります。

List❸-13が実行されるときのようすを、構文と比較しながら追ってみましょう。

① ループの前の処理

`i = 0` ← 変数`i`に0を代入します。

② 条件式

`i < 5` ← 変数`i`の値が5より小さい場合には次のブロック内の処理を実行し、5以上の場合は`while`ループの実行を終了します。

③ ブロック内の処理内容

`print('こんにちは。')` ← 'こんにちは。'という文字列を出力します。

`i += 1` ← 変数`i`の値を1増やします。

④ 繰り返し

②に戻ります。

この`while`文の処理の流れは、図❸-4のとおりです。

図❸-4 while文による繰り返し処理の流れ

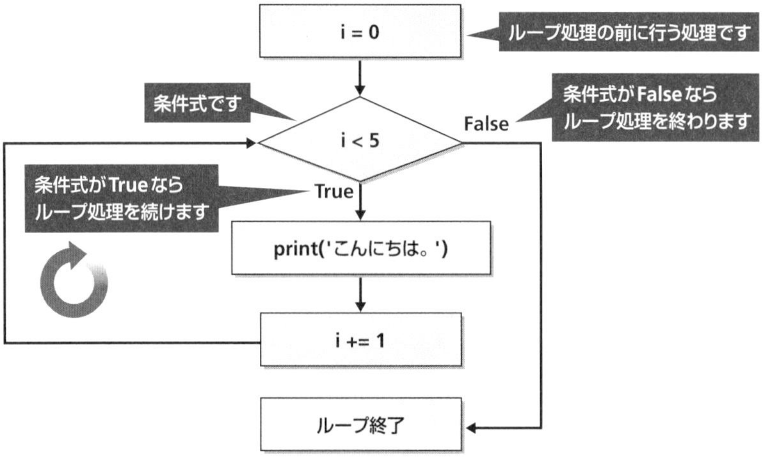

i = 0
ループ処理の前に行う処理です
条件式です
i < 5
False
条件式がFalseなら
ループ処理を終わります
条件式がTrueなら
ループ処理を続けます
True
print('こんにちは。')
i += 1
ループ終了

変数iの値は、最初は0で、whileブロック内の処理が1回行われるたびに1ずつ増えます。同じ処理を5回繰り返し、変数iの値が5になると、条件式i < 5の値がFalseになるので、繰り返しを終了します。

このように処理の流れを順番に追うと、同じところをグルグルまわっている（ループしている）ように見えます。そのため、このような繰り返し処理はループ処理（しょり）と呼ばれます。while文によるループ処理はwhile（ホワイル）ループと呼ばれます。

KEYWORD
- ●ループ処理
- ●whileループ

変数iの値を0から1ずつ増やさなければいけないわけではありません。List❸-14のプログラムコードは、変数iの値を20から5ずつ減らし、iの値が0以下になったら処理を終了するwhileループの例です。

List❸-14 3-14/while_example.py

```
i = 20
while i > 0:      ← 変数iの値が0より大きければ次のブロックの処理を繰り返します
    print(i)      ← 変数iの値を出力します
    i -= 5        ← 変数iの値を5だけ減らします
```

実行結果

```
20
15
10
5
```

20から5ずつ小さくなる値が出力されています

List❸-14では、はじめに変数iに20を代入しています。続いてwhile文により「変数iが0より大きい」という条件を満たす間は、それに続くブロック内の処理を繰り返します。この処理は「変数iの値を出力し、その後でiの値を5減らす」というものです。これにより、変数 i の値は 20 から 5 ずつ減り、0 になった時点で i > 0 という条件式が False になるのでループを抜けます。i の値が 0 のときは、ブロック内の処理が実行されないことに気をつけましょう。

for文

リストに格納された要素の値を1つ1つ参照して、そのつど命令文を実行するには for 文（フォー ぶん）を使います（注❸-18）。List❸-15のプログラムコードでは、[10, 20, 30, 40, 50] という5つの要素が入ったリストに対して、要素の値を1つずつ順番に参照して出力します。

KEYWORD
● for文

注❸-18
リスト以外にもイテラブルと呼ばれる性質を持つオブジェクトに対して for 文を使用できます。詳しくは第4章で説明します。

List❸-15　3-15/for_example.py

```
for i in [10, 20, 30, 40, 50]:
    print(i)
```

実行結果

```
10
20
30
40
50
```

リストに格納されている要素の値が順番に出力されています

このfor文は、次のような構文になっています。

構文❸-6　for文

```
for 変数 in 反復可能オブジェクト:
    処理内容
```

「反復可能オブジェクト」とは、要素を順番に参照できるオブジェクトのことです。第4章で詳しく説明しますが、これまでに学習したものの中では、リストが該当します。List❸-15では、[10, 20, 30, 40, 50] という5つの値が格納されたリストが反復可能オブジェクトです。この反復可能オブジェクトの要素が先頭から1つずつ順番に「変数」に代入され、処理内容が実行されます。List❸-15では、i が「変数」で print(i) が「処理内容」です。i にリストの値が1つずつ代入されて、print(i) が実行されます。すべての要素を参照し終わると、for ループを終わります。

このようすを図に表したものが図❸-5です。

図❸-5 for文による繰り返し処理の流れ

```
for i in [10, 20, 30, 40, 50]:
    print(i)
```

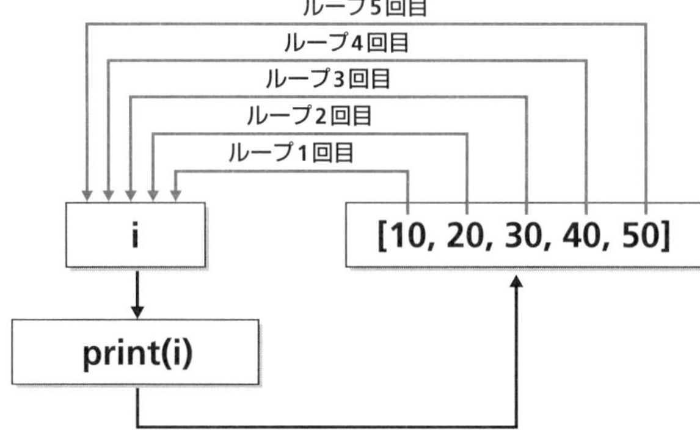

rangeオブジェクト

プログラムでは、変数の値を`0, 1, 2,`……と`1`ずつ変えながら処理を繰り返したいことがよくあります。そのような場合は、List❸-13のときのように`while`文を使用できますが、List❸-16のように`range`（注❸-19）と`for`文を組み合わせても同じことを実現できます。

KEYWORD

●range

注❸-19
これ以降は「rangeオブジェクト」と表記します。オブジェクトという言葉については、4-1節で詳しく説明します。

List❸-16 3-16/for_example.py

```
for i in range(10):   ←変数iに0から9の値が順番に代入されます
    print(i)
```

実行結果

```
0
1
2
(略)
9
```
0から9の値が1ずつ順番に出力されます

`range`オブジェクトは反復可能オブジェクトの1つで、`for`文で使用できます。たとえば、`range(10)`とすると、`0`から`9`までの整数の値が順番に参照されます。`1`から`10`ではないことに注意しましょう。`0`から始まり、（引数で指定した値`-1`）が終わりの数値になります。

rangeオブジェクトには、はじまりの数値と終わりの数値の両方を指定することもできます。たとえば、**range(3, 10)**とすると、3から**9**までの整数を順番に参照できます。さらに、**range(3, 10, 2)**のように3つの引数を指定すると、3つ目の引数が値の増分として利用され、**3, 5, 7, 9**……という具合に、値が2ずつ増えます。

rangeオブジェクトの引数と、得られる整数の列の関係をまとめると表❸-4のようになります。

表❸-4 rangeオブジェクトの生成方法

rangeオブジェクトの生成方法	得られる整数の列
range(stop)	0から「stopの値−1」までの整数
range(start, stop)	startの値から「stopの値−1」までの整数
range(start, stop, step)	startの値から「stopの値−1」までの整数。ただし、増分はstepの値

生成した**range**オブジェクトから、どのような整数の列が得られるのか具体例を見てみましょう。インタラクティブシェルで次のようにして、**range**オブジェクトを一度リストに変換すると、簡単に確認できます。

```
>>> list(range(10))
[0, 1, 2, 3, 4, 5, 6, 7, 8, 9]  ←0から9までの数字が並びます
>>> list(range(3, 10))
[3, 4, 5, 6, 7, 8, 9]  ←3から9までの数字が並びます
>>> list(range(1, 30, 10))
[1, 11, 21]  ←29を超えない範囲で1から10ずつ値が増えます
```

メモ

rangeオブジェクトの3番目の引数に負の値を渡すと、次第に値が小さくなる整数の列を得られます。範囲は「1番目の引数の値」から「2番目の引数の値＋1」になります。

```
>>> list(range(10, 0, -1))  ←増分に-1を指定しています
[10, 9, 8, 7, 6, 5, 4, 3, 2, 1]  ←10から1までの数字がならびます
>>> list(range(0, -10, -2))  ←増分に-2を指定しています
[0, -2, -4, -6, -8]  ←-9より小さくならない範囲で0から2ずつ値が小さくなります
```

次のList❸-17のようにすれば、100から201までに含まれる5の倍数を出力できます。

List❸-17 3-17/range_example.py

```
for i in range(100, 201, 5):
    print(i)
```

100から始まり5ずつ増える値が、200に達するまで順番に代入されます

実行結果

```
100
105
110
(略)
200
```

100から5ずつ増える値が出力されています。最後の値は200です

ループ処理の流れの変更

while文、for文のいずれのループでも、ループ処理を中断したり、ループ内の処理をスキップ（実行を省略）したりできます。

■ループの処理を中断する「break」

KEYWORD

●break命令

whileブロックまたはforブロックの中でbreak（ブレイク）命令（めいれい）を使うと、ループ処理を中断して、強制的にブロックから抜けます。

たとえば、List❸-18は、1から9までの値を順番に変数iに代入し、その値を変数totalに加算します。そして、totalの値が20を超えた時点でbreak命令によってループを抜けています。

List❸-18 3-18/break_example.py

```
total = 0
for i in range(10):
    total += i
    if total > 20:
        break

print(i, total)
```

- 0から9の値を順番に変数iに代入します
- 変数totalにiの値を加算します
- total（合計）が20を超えたらループを抜けます
- ループを抜けたときのiとtotalの値を出力します

実行結果

```
6 21
```

iの値が6、totalの値が21でループを抜けたことがわかります

for文では、変数iに0から9までの値を1つずつ代入して、それ以降の処理を繰り返すように記述していますが、実行結果からは、合計値が20を超えた

時点（iの値が6になった時点）でforループが終了したことを確認できます。このように、break命令を使うことで、ループ処理を途中で終わらせることができます。

■ループ内の処理をスキップする「continue」

KEYWORD
●continue命令

ループのブロックの中でcontinue命令を使うと、ループの中の残りの処理をスキップして、繰り返しの次の回に移ります。

List❸-19は、continue命令を使用したプログラムコードの例です。rangeオブジェクトで得られる0から99までの整数のうち、3の倍数のときだけforブロックの残りの処理（iの値を出力して、totalに加算する処理）をスキップして、それ以外の場合を加算していきます。

List❸-19　3-19/continue_example.py

```
total = 0
for i in range(100):
    if i % 3 == 0:
        continue
    print(i)
    total += i

print('合計は', total)
```

- for i in range(100): ← 0から99までの値を1つずつ変数iに代入します
- if i % 3 == 0: ← iの値を3で割った余りがゼロのときにforブロックの残りの処理をスキップします
- print(i) ← iの値を出力します
- total += i ← iの値をtotalに加算します

実行結果

```
1
2
4
5
7
8
10
(略)
合計は 3267
```

（1〜10：3の倍数が出力されていないことを確認できます）

■無限ループ

List❸-20のwhile文を見てください。

List❸-20　3-20/while_example.py

```
i = 0
while i < 5:
    print('こんにちは')
```

「こんにちは」という文字列は何回出力されるでしょうか？

while文の中で変数**i**の値が変化しないため、**i**の値は最初に代入した**0**のままです。そのため、**i < 5**はずっと**True**のままで、決して**False**になることはありません。

このような**while**文を作成すると、延々と「こんにちは」という文字列を出力し続ける、終わりのないループになってしまいます。このような終わりのないループのことを無限(むげん)ループといいます。

KEYWORD
●無限ループ

繰り返し処理の命令を記述するときには、いつかは必ず処理が終わるように注意する必要があります。この場合は**while**ブロックの中に、**i += 1**のように変数**i**の値を増やす命令を入れておく必要があります。誤って無限ループを含むプログラムを実行してしまった場合、強制的にプログラムを終わらせなければなりません。動作中のプログラムを強制的に終わらせるには、Windowsの場合は[Ctrl]キーを押しながら[C]キーを押します。macOSの場合は[control]キーを押しながら[C]キーを押します（注❸-20）。

注❸-20
開発環境によって強制的にプログラムを終わらせる方法が異なる場合があります。

ループ処理のネスト

ループ処理の中には、さらに別のループ処理を含めることができます。これをループ処理のネストといいます。

KEYWORD
●ネスト

List❸-21のプログラムコードでは、変数**a**の値を**1**ずつ増やす**for**ループの中に、変数**b**の値を**1**ずつ増やす**for**ループが含まれています。

List❸-21　3-21/nest_example.py

```
for a in range(1, 4):
    print('a=', a)
    for b in range(1, 4):
        print('    b=', b)
```

forループの中にfor文があります

実行結果

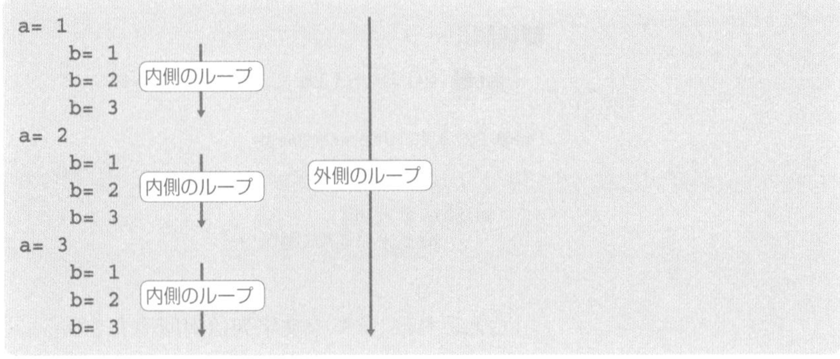

外側のループの処理（変数aの値を1から3まで増やす処理）の中に内側のループの処理（変数bの値を1から3まで増やす処理）が含まれています。実行結果から、内側のループ処理が終わると、外側のループ処理が次に進むことを確認できます。

List❸-22のプログラムコードのようにforループのネストを用いることで、九九の表を出力できます。

List❸-22　3-22/nest_example.py

```
for a in range(1, 10):
    print()
    for b in range(1, 10):
        print(f'{a}×{b}={a*b} ', end='')
```

← aの値を1～9までループします（1行目）
← 改行するために引数無しでprint関数を呼び出しています（2行目）
← bの値を1～9までループします（3行目）

実行結果

```
1×1=1 1×2=2 1×3=3 1×4=4 1×5=5 1×6=6 1×7=7 1×8=8 1×9=9
2×1=2 2×2=4 2×3=6 2×4=8 2×5=10 2×6=12 2×7=14 2×8=16 2×9=18
3×1=3 3×2=6 3×3=9 3×4=12 3×5=15 3×6=18 3×7=21 3×8=24 3×9=27
4×1=4 4×2=8 4×3=12 4×4=16 4×5=20 4×6=24 4×7=28 4×8=32 4×9=36
5×1=5 5×2=10 5×3=15 5×4=20 5×5=25 5×6=30 5×7=35 5×8=40 5×9=45
6×1=6 6×2=12 6×3=18 6×4=24 6×5=30 6×6=36 6×7=42 6×8=48 6×9=54
7×1=7 7×2=14 7×3=21 7×4=28 7×5=35 7×6=42 7×7=49 7×8=56 7×9=63
8×1=8 8×2=16 8×3=24 8×4=32 8×5=40 8×6=48 8×7=56 8×8=64 8×9=72
9×1=9 9×2=18 9×3=27 9×4=36 9×5=45 9×6=54 9×7=63 9×8=72 9×9=81
```

外側のループで変数aの値を1から9まで1ずつ増やし、その中のループで変数bの値を1から9まで増やしています。内側のループの処理では、変数aと変数bの値を組み合わせた文字列を作り、1×1から9×9まで81個の掛け算の式を出力しています。

最後の行は次のようにフォーマット文字列（注❸-21）を使って出力する文字列を作っています。

注❸-21
40ページ「変数の値の埋め込み（フォーマット文字列）」を参照。

```
print(f'{a}×{b}={a*b} ', end='')
```

通常、printの関数は文字列のあとに改行をつけて出力しますが、「end=''」という記述を引数に追加することで、改行をなくすことができます（注❸-22）。

注❸-22
このような引数の渡し方をキーワード引数といいます。詳しくは150ページ「キーワード引数」で説明します。

登場した主なキーワード

- **while文**：ループ処理を行うための構文の1つで、条件式がTrueであるあいだ、ブロック内の処理を繰り返し実行します。

- **for 文**：ループ処理を行うための構文の1つで、反復可能なオブジェクトの要素を1つずつ参照して、ブロック内の処理を繰り返し実行します。
- **ループ処理のネスト**：ループ処理の中にループ処理が含まれること。

まとめ

- while 文、for 文を使用することで、同じ処理を繰り返し実行する命令を記述できます。
- break 命令を使用すると、条件式の評価を行わずにループ処理から強制的に抜けることができます。
- continue 命令を使用すると、ブロックの残りの処理をスキップして次の繰り返しに移ることができます。
- ループ処理の中にループ処理を入れることができます。これを「ループ処理のネスト」といいます。

練習問題

3.1 次の条件を、関係演算子を使って記述してください。

問題例 aはbより大きい
解答例 a > b

(1) aはbと等しい
(2) aはbと等しくない
(3) bはcより小さい
(4) aはb以下である
(5) cはb以上である

3.2 次のプログラムコードにある空欄を埋めて、変数aの値が3で割り切れるときには「3で割り切れます」、そうでないときには「3で割り切れません」とコンソールに出力するプログラムを完成させてください。

```
a = 2021
```

空欄

3.3 (1) 10から20までの整数を順番に足し合わせて、その結果を出力するプログラムを作ってください。ただし、while文を使った場合とfor文を使った場合の2つのプログラムコードを作成してください。

(2) 問題(1)で作成したfor文を使ったプログラムコードに対して、15だけは足し合わせしないように、変更してください。ただし、continue命令を使ってください。

3.4 次の条件を、論理演算子と関係演算子を使って記述してください。

問題例 aはbより大きく、cはdより小さい
解答例 (a > b) and (c < d)

(1) aは5または8と等しい
(2) aとcは両方ともb以下
(3) aは1より大きくて10より小さいが、5ではない
(4) aはbまたはcと等しいが、aとdは等しくない

3.5 次に示すものは、scoresという変数名のリストに格納されている要素のうち、値が60より大きいものの数をカウントするプログラムコードです。空欄を埋めて、完成させてください。

```
scores = [65, 80, 40, 92, 76, 52]
count = 0    # 値が60よりも大きな要素の数
for i in scores:
        [          空欄          ]
print(count)   # 結果を出力
```

KEYWORD

●コードエディタ
●統合開発環境（IDE）

COLUMN

開発環境

テキストエディタがあれば、すぐにPythonのプログラムコードを書くことができます。しかしながら、標準的なテキストエディタにはない、プログラムの効率的な作成を支援する機能を持ったツールも多くあります。たとえば、コードエディタと呼ばれる、プログラムコードを記述するのに特化したテキスト入力ソフトウェアを使えば、単純なつづりミスの検出、入力候補の表示、インデントの調整、カッコの対応の表示、予約語のハイライト表示などの機能によって、誤りの可能性を抑えることができます。さらに、プログラムの実行を特定の行で停止させて、そのときの変数の値を確認したり、プログラムコードの変更履歴を保存したりできる機能が備わっているものもあります。このようなツールを統合開発環境（IDE）といいます。

たとえば、MicrosoftのVisual Studio Codeは、無料で使える優れたコードエディタの1つです。Pythonを扱えるように設定することで、画面❸-1のように、プログラムコードを書きながら、関数やメソッド、コンストラクタの引数や戻り値を知ることもできます。

画面❸-1　Visual Studio Codeの画面

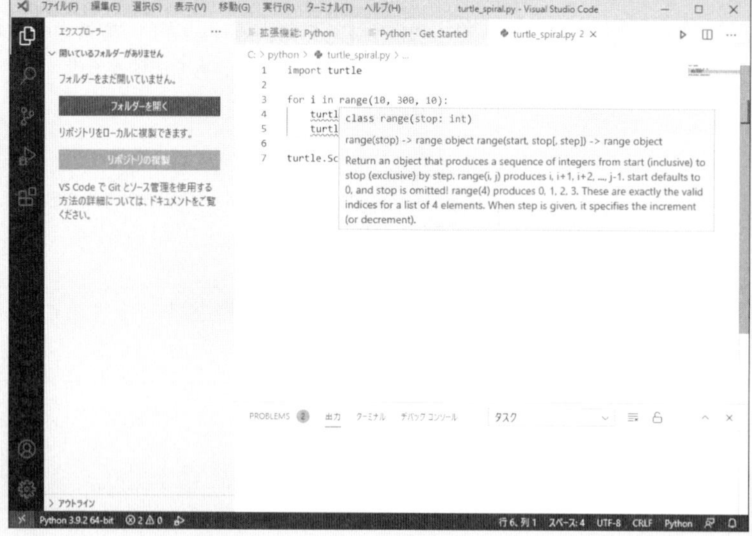

本書では、Visual Studio Codeのセットアップ方法や使い方の説明はしていませんが、少しプログラミングに慣れてきたら、このように便利なツールを使ってみることをお勧めします。Pythonに限らず、他のプログラミング言語も、このようなツールを使ってプログラムを作れるため、早めに慣れておくとよいでしょう。学校や勤務先などで、すでにセットアップされている場合には、積極的に使うようにしましょう。

第4章　組み込み型とオブジェクト

オブジェクト指向
文字列の操作
リストとタプル
辞書とセット
基本型の性質

Python

この章のテーマ

Pythonはオブジェクト指向型言語です。はじめに、オブジェクト指向を理解する上で基本となるインスタンスとクラスという用語を学びます。続いて、Pythonに標準で備わっている、組み込み型と呼ばれるデータ型の扱いについて学びます。組み込み型には、数値を表す`int`型、`float`型、文字列を表す文字列型（`str`型）がありますが、その他に、リスト型（`list`型）、タプル型（`tuple`型）、辞書型（`dict`型）、セット型（`set`型）といった、複数のデータをまとめて管理するためのものが含まれます。

4-1　オブジェクト指向

- インスタンス（オブジェクト）の管理とID番号
- 変数への代入とインスタンスの関係
- インスタンスの同値性と同一性
- インスタンスの種類を表す「クラス」
- 「インスタンス」と「オブジェクト」という用語

4-2　文字列の操作

- 文字列の基本操作
- formatメソッドによる文字列の整形
- in演算子

4-3　リストとタプル

- コレクションとは
- リスト
- メソッド以外のリストの操作
- 内包表記
- タプル
- アンパック代入

4-4　辞書とセット

- 辞書（dict）
- 辞書の基本的な操作
- セット（set）
- セットの基本的な操作

4-5　基本型の性質

- 基本型の性質
- 変更可能な型（ミュータブルな型）と変更不可能な型（イミュータブルな型）
- 反復可能なオブジェクト
- 順序を持つオブジェクト
- 基本型の性質の一覧表

4-1 オブジェクト指向

学習のポイント

- Pythonはオブジェクト指向言語です。ここでは、オブジェクト指向を理解する上で最も大切なインスタンスとクラスについて学びます。
- Pythonでは、数値や文字列など1つ1つに異なるIDが割り当てられ、管理されています。

インスタンス（オブジェクト）の管理とID番号

これまで、変数への値の代入や、算術演算、条件分岐や繰り返し処理など、Pythonによるプログラムの基本を学んできました。さらに一歩先に進むために、ここではインスタンスという用語について学びます。

Pythonでは、'Hello'という文字列や、3や5といった数値1つ1つに、重複しないID（アイディ）（識別番号）がつけられています。文字列や数値だけでなく、これから学習をする各種のデータについても同様です。このように、IDをつけて管理されるデータ1つ1つをインスタンス（注❹-1）といいます（オブジェクトということもあります）。これまで、単に「値」と呼んできたものは「インスタンスの値」または「インスタンスが持つ値」といったほうが正確です。

インスタンスの持つ値を出力するためにprint関数を使ってきましたが、その代わりにid関数（アイディかんすう）を使用して、インスタンスのIDを知ることができます。

```
>>> a = 3
>>> id(a)  (注❹-2)
140712048645856      ← 変数aに代入されているインスタンスのIDです
>>> b = 5
>>> id(b)
140712048645920      ← 変数bに代入されているインスタンスのIDです
```

IDとして使われる数字には、あまり意味がありませんが（注❹-3）、同一のインスタンスなのか、それとも、異なるものなのかを知ることができます。次のようにして、同じ変数に後から異なる値を代入すると、IDが変化する様子を確認で

KEYWORD
- ID
- インスタンス
- オブジェクト
- id関数

注❹-1
インスタンスは「実体」という意味を持つ言葉です。

注❹-2
id関数の戻り値はint型の値です。id関数で得られる値を出力するにはprint(id(a))とするのが本来の書き方ですが、ここではprint関数の呼び出しを省略しています。

注❹-3
コンピュータのメモリのどこに情報が保存されているかを表すアドレス情報がIDに使われることもあります。

きます。

```
>>> a = 3
>>> id(a)
140712048645856
>>> a = 'Hello'
>>> id(a)
140712048645920
```


IDが変化したことから、変数に代入されているインスタンスが別のものに入れ替わったことがわかります。図❹-1は、このプログラムによるコンピュータ内部の動作を表したものです。

図❹-1 代入とIDの関係

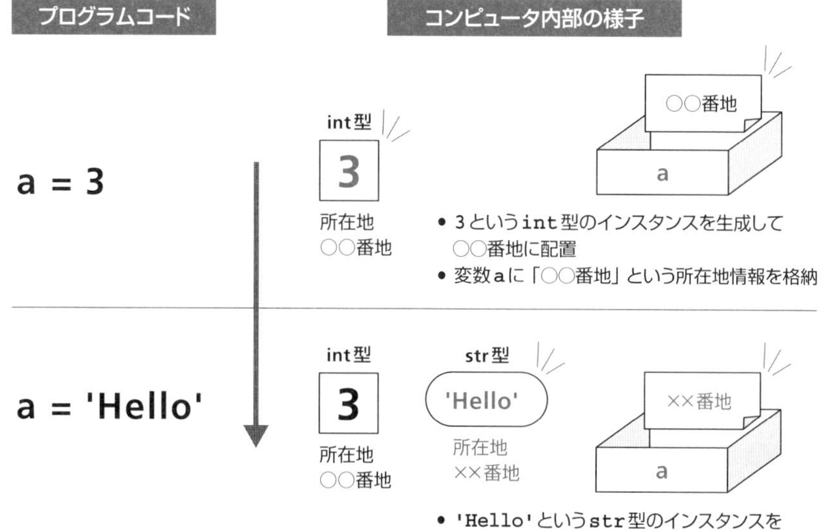

変数への代入とインスタンスの関係

これまでに、=記号は代入を表すことを見てきました。次のようにすると、変数bには、変数aの値である2が代入されます。

```
>>> a = 2        ← 変数aに2を代入します
>>> print(a)
2                ← aの値は2です
```

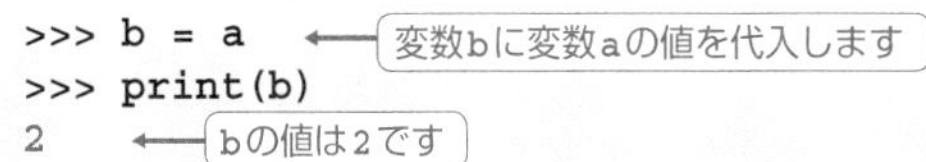

```
>>> b = a          ← 変数bに変数aの値を代入します
>>> print(b)
2                  ← bの値は2です
```

この結果として、図❹-2に示すように、変数aと変数b、それぞれに値2が入っている様子をイメージするかもしれませんが、これは正しくありません。

図❹-2 正しくないイメージ

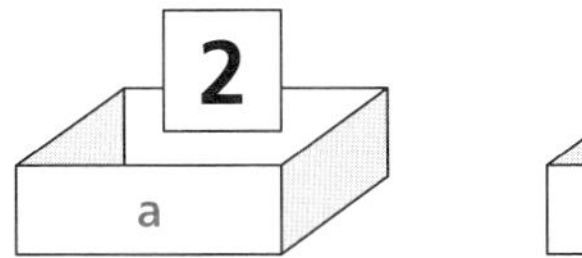

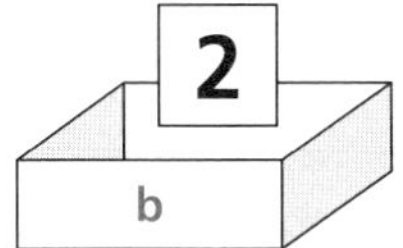

正しいイメージは図❹-3に示すように、「変数aと変数bが同じインスタンスの所在地情報を格納している」というものです。変数は2つありますが、インスタンスは1つです。

図❹-3 正しいイメージ

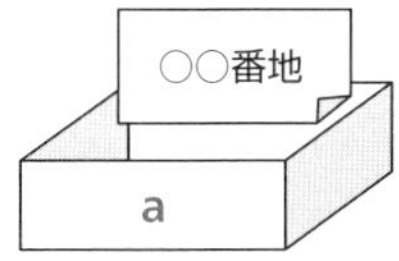

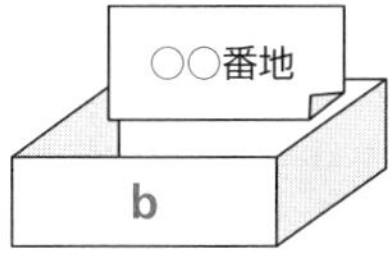

このことは、次のようにして、変数aと変数bのIDを見ることで確認できます。

```
>>> a = 2
>>> b = a
>>> id(a)
140703946233536
>>> id(b)
140703946233536    ← 変数aのIDと同じです
```

Pythonでは、数値1つ1つがインスタンスであって、**変数はインスタンスの所在地情報を持っているにすぎない**、ということを理解しておきましょう。

KEYWORD
●参照

> **メモ**
>
> インスタンスの所在地情報のことを、「インスタンスへの参照（さんしょう）」といい、上の例では、「変数aと変数bは、同じインスタンスを参照している」と表現します。

インスタンスの同値性と同一性

KEYWORD
●==

2つの変数に代入されている値が等しいかどうかを比較するときに、次のように==演算子を使用しました。

```
>>> a = 10
>>> b = 10
>>> c = 5
>>> print(a == b)
True  ← 変数aの値と変数bの値は同じです
>>> print(a == c)
False  ← 変数aの値と変数cの値は異なります
```

KEYWORD
●同値

この例のように、変数**a**の値と変数**b**の値が等しい場合には、式「**a == b**」の値は**True**になります。このとき「**a**と**b**は同値(どうち)である」といいます。

次のように、リストどうしも==演算子で比較を行えます。

```
>>> a = [1, 2, 4]
>>> b = [1, 2, 4]
>>> c = [1, 2, 5]
>>> print(a == b)
True  ← 要素の値がすべて等しい場合に同値とみなされます
>>> print(a == c)
False  ← 値が異なる要素を含む場合には同値とみなされません
```

リストの場合は、要素の値が互いにすべて等しい場合に、同値であると判定されます。

KEYWORD
●is演算子

一方で、インスタンスのIDを、**is**演算子(イズえんざんし)によって比較することができます。「**a is b**」という式は、変数**a**と**b**が参照するインスタンスのIDが等しいときに**True**、そうでない場合に**False**の値になります。

次のように**is**演算子を用いて、変数**a**と**b**が参照するインスタンスが同じであるかどうかを確認できます。

```
>>> a = [1, 2, 4]
>>> b = [1, 2, 4]
>>> print(a is b)  ← aとbのIDを比較します
False  ← aとbは異なるインスタンスであることがわかります
```

出力が**False**であることから、変数**a**と**b**が参照するインスタンスは異なるものであることがわかります。**is**演算子を用いて比較した結果は、==演算子で比較した結果と異なる場合があるのです。

次のようにすると、**is**演算子を用いて比較した結果が**True**になります。

```
>>> a = [1, 2, 4]
>>> b = a          ←変数bに変数aの値を代入します
>>> print(a is b)  ←aとbのIDを比較します
True               ←aとbは同じインスタンスであることがわかります
>>> print(a == b)
True               ←aとbは同じインスタンスなので、当然、値も同じです
```

```
>>> a[0] = 99      ←aの最初の要素の値を99に変更します
>>> print(b)       ←bを出力します
[99, 2, 4]         ←aとbは同じインスタンスなので、aに対して行った操作が反映されています
```

KEYWORD
- 同一
- 同値性
- 同一性

この例では、変数**a**と**b**が参照するインスタンスが同じものだとわかります。このように「**a is b**」が**True**であるとき、「**a**と**b**は同一(どういつ)である」といいます。また「**a is b**」が**True**であれば、とうぜん「**a == b**」も**True**になります。

==演算子によって調べられるものを同値性(どうちせい)(インスタンスが持つ値が等しいかどうか)、**is**演算子によって調べられるものを、同一性(どういつせい)(同じインスタンスであるかどうか)といいます(図❹-4)。

図❹-4 同値性と同一性

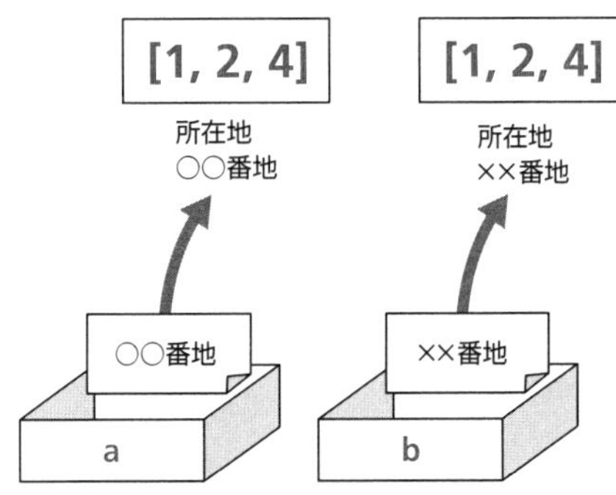

式	値
a == b	True
a is b	False

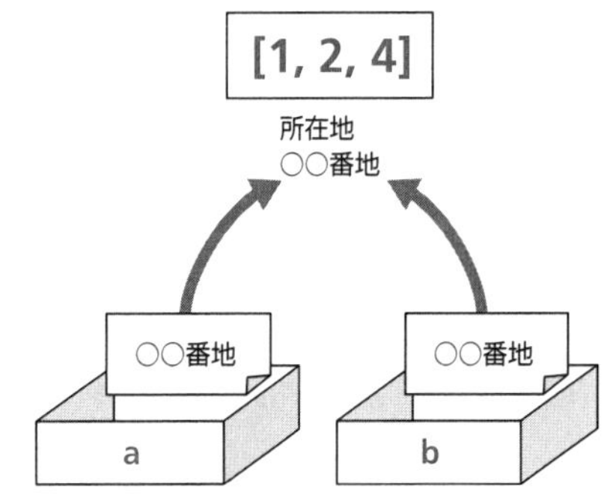

式	値
a == b	True
a is b	True

インスタンスの種類を表す「クラス」

KEYWORD
●クラス
●インスタンス

クラスは、これまで「型」という用語を使って説明してきたもののことで、インスタンスの種類を表すものです。

いくつか例を挙げてみます。

'Hello' という文字列は **str** クラスのインスタンスです。**'Python'** という文字列も、やはり **str** クラスのインスタンスです。これは、次のように **type** 関数を使用して確認できます。

```
>>> type('Hello')
<class 'str'>      ←'Hello'という文字列はstrクラスのインスタンスです
>>> type('Python')
<class 'str'>      ←'Python'という文字列はstrクラスのインスタンスです
```

上の例では、**type** 関数の出力が両方とも **<class 'str'>** であることから、どちらも **str** 型、つまり **str** クラスのインスタンスであることを確認できます。

[1, 2, 3] で表されるリストは **list** クラスのインスタンスです。**['A', 'B']** というリストも、**list** クラスのインスタンスです。これは、次のようにして確認できます。

```
>>> type([1, 2, 3])
<class 'list'>      ←[1, 2, 3]はlistクラスのインスタンスです
>>> type(['A', 'B'])
<class 'list'>      ←['A', 'B']はlistクラスのインスタンスです
```

上の例では、**type** 関数の出力が両方とも **<class 'list'>** であることから、どちらも **list** クラスのインスタンスであることを確認できます。

KEYWORD
●オブジェクト指向言語

このように、インスタンスとクラスという概念を持ち、それらを使ってプログラムを作ることを前提とした言語のことを、オブジェクト指向言語(しこうげんご)と呼びます。Pythonは、オブジェクト指向言語です。

「インスタンス」と「オブジェクト」という用語

第3章までに「値」と「型」という用語を使って説明してきたものを、ここでは「インスタンス」と「クラス」という用語に置き換えて説明をしました。

このように、ほぼ同じものを表す用語が複数存在する、ということがプログラ

ミング言語を学ぶ過程ではよく現れます。どこまで正確に説明するか、どのような文脈で説明するか、さらに慣習としてどのように呼ばれることが多いか、といった異なる観点によって、使用される用語や表現方法が異なります（注❹-4）。今後、必要に応じてインターネットで調べるときなどに備え、複数の表現方法を知っておくことは大切です。

注❹-4
たとえば、「コンピュータ」と「パソコン」は、どのように使い分けるのが適当か考えてみましょう。明確な基準を示すのは難しいですが、その機能に注目する場合には「コンピュータ」という用語を使い、道具としての側面を見る場合には「パソコン」という用語を使う傾向がありそうです。

オブジェクト指向言語によるプログラミングを解説する場面では、これまで「インスタンス」という用語で説明してきたものを、「オブジェクト」という用語で説明することが多くあります。「インスタンス」は正確な説明を行うときに用いられ、「オブジェクト」は、もう少し大まかな枠組みで説明を行うときに用いられる傾向があります。一般的に、「オブジェクト」のほうが広く使われています。本書でも、これ以降は慣習に従って「オブジェクト」という用語を使用する場面が多く登場しますが、「インスタンス」との違いはありません。

たとえば、「**str**クラスのインスタンス」は「文字列オブジェクト」と表現されることがあります。これは、どちらも同じものを表します。さらに「**list**クラスのインスタンス」は、単に「リスト」と呼ばれることが多くあります。

■オブジェクトの持つ機能（メソッド）

KEYWORD
●メソッド

オブジェクトには、さまざまな処理を行う機能が備わっています。これをメソッドと呼びます。たとえば、文字列オブジェクトには指定した文字列がいくつ含まれるかを調べるための**count**というメソッドがあります。このメソッドによって、たとえば**'Hello, Python'**という文字列に**'o'**の文字がいくつ含まれるかを調べることができます。メソッドを実行するには、次のように、文字列の後にドット（**.**）をつけて、その後にメソッド名と括弧**()**を続けます（注❹-5）。括弧の中には、カウントしたい文字列を記述します。

注❹-5
オブジェクトの持つメソッドを実行することを、「オブジェクトに対してメソッドを呼び出す」ということがあります。

```
>>> 'Hello, Python'.count('o')      ← 'Hello, Python'という文字列に'o'という文字列がいくつ含まれるか調べます
2      ← 'o'が2つ含まれていることがわかります
>>> 'オブジェクト指向'.count('オブジェ')      ← 日本語でも大丈夫です
1      ← 'オブジェ'という文字列が1つ含まれていることがわかります
```

変数に文字列が代入されている場合は、変数名の後にドット（**.**）を記述してメソッド名を続けます。上の例は、次のように書くこともできます。

```
>>> s1 = 'Hello, Python'
>>> s1.count('o')      ← 変数s1に代入されている文字列のメソッドを呼び出しています
2
```

```
>>> s2 = 'オブジェクト指向'
>>> s2.count('オブジェ')
1
```

変数s2に代入されている文字列のメソッドを呼び出しています

このように、strクラスのすべてのインスタンスに対してcountメソッドを使用できます。これは、**strクラスにcountメソッドが定義されているから**です。strクラスには、他にもたくさんのメソッドが定義されていて、それらを使うことで文字列に対するさまざまな操作を行えるようになっています。詳しくは4-2節で説明します。

メソッドは、今まで「関数」という言葉で説明してきたものと似ています。**関数と異なるのは、インスタンスの状態に応じて実行結果が異なる点です。**strクラスのcountメソッドは、インスタンスが持つ値（文字列の内容）によって戻り値が異なりました。

インスタンスが、どのような機能（メソッド）を持っているかは、どのクラスのインスタンスであるかによって決まります。

登場した主なキーワード

- **インスタンス**：異なるIDを割り当てて管理される1つのデータの単位で、値と機能を持つ。「オブジェクト」とも呼ぶ。どのクラスに属するかによって、持てる情報や機能が異なる。
- **クラス**：どのような情報を持つか、どのような機能（メソッド）を持つかを定めたもの。これまで「型」と呼んでいたもの。
- **オブジェクト指向**：クラスとインスタンスという概念を持ち、それらを使ってプログラムを作ることを前提としたプログラムの作り方。
- **同値**：インスタンスの持つ値が等しいこと。
- **同一**：インスタンスが同じものであること。

まとめ

- Pythonでは数値や文字列など1つ1つがインスタンスです。それぞれが異なるIDを割り当てられて管理されています。
- インスタンスの種類（型）のことをクラス、インスタンスが持つ機能のことをメソッドといいます。
- ==演算子は、インスタンスが持つ値が等しいかどうか（同値性）を調べ、is演算子は、インスタンスそのものが同じであるかどうか（同一性）を調べます。
- インスタンスのことを「オブジェクト」という用語で表すことがあります。

4-2 文字列の操作

学習のポイント

- strクラスには、文字列を操作するための便利なメソッドがたくさん定義されています。
- strクラスに定義されているメソッドを使って、文字列を操作する方法を学習します。

文字列の基本操作

文字列を扱う例を、すでに4-1節で紹介しましたが、ここではより詳しく見ていきます。文字列に対する操作の多くは、strクラスに定義されているメソッドで実現できます。

strクラスに定義されているメソッドは数が多く、すべてを紹介しきれないため、ここでは代表的なものに絞って、具体例を交えて紹介します。

メモ

他のメソッドについては、Pythonのドキュメントを確認してみましょう(注❹-6)。同じメソッドでも引数の与え方によって異なる動作をするものもあります。そのような例も、ドキュメントで知ることができます。

注❹-6
「Python標準ライブラリ(https://docs.python.org/ja/3/library/)」のドキュメントの中の「組み込み型」のページに「文字列メソッド」の項目があります。

■小文字への変換(lowerメソッド)

lowerメソッドは、文字列に含まれる大文字を小文字に変換し、その結果の文字列を返します。

4-1節で説明したように、メソッドを実行するには、文字列の後にドット(.)をつけて、その後にメソッド名を続けます。たとえば、lowerメソッドは、次のように使用します。

```
>>> 'PYTHON'.lower()
python          ←全部の文字が小文字になりました
```

文字列を一度変数に代入した場合は、その変数名の後ろにドット（.）をつけて、その後にメソッド名を続けます。上の例は次のように書くこともできます。

```
>>> s1 = 'PYTHON'     ←変数s1に'PYTHON'という文字列を代入します
>>> s2 = s1.lower()   ←変数s1に代入されている文字列のlowerメソッドが
                        実行されます。その戻り値を変数s2に代入しています
>>> print(s2)
python          ←すべてのアルファベットが小文字になりました
```

この例では、はじめに変数**s1**に**'PYTHON'**という文字列を代入しています。続いて、**s1.lower()**という記述で**lower**メソッドを呼び出し、その戻り値を変数**s2**に代入しています。最後に、**s2**の値を出力して結果を確認しています。

これ以降、いくつかのメソッドに対しても同じように2通りの使用例を示して紹介します。

■大文字への変換（upperメソッド）

upperメソッドは、文字列に含まれる小文字を大文字に変換し、その結果の文字列を返します。

例1

```
>>> 'Python'.upper()
PYTHON          ←全部の文字が大文字になりました
```

例2（変数を用いる）

```
>>> s1 = 'Python'
>>> s2 = s1.upper()
>>> print(s2)
PYTHON
```

■検索（findメソッド）

findメソッドは、引数で渡した文字列が含まれる位置を数値で返します。数値は先頭を**0**とするインデックス番号で、**n**文字目の位置は**(n-1)**で表されます。指定された文字列が含まれない場合は**-1**が返されます。

例1

```
>>> 'Pythonの文字列操作を学ぶ'.find('on')
4      ← 先頭から5文字目の位置に'on'が存在することを示しています
>>> 'Pythonの文字列操作を学ぶ'.find('abc')
-1     ← 'abc'という文字列は含まれていないので、-1が戻り値となります
```

例2（変数を用いる）

```
>>> s = 'Pythonの文字列操作を学ぶ'
>>> i = s.find('on')    ← 変数sに代入されている文字列に対して
>>> print(i)              findメソッドを呼び出します
4
>>> i = s.find('abc')
>>> print(i)
-1
```

■分割処理（splitメソッド）

splitメソッドは、引数で渡した区切り文字で文字列を区切ります。区切った結果を要素に持つリストが返されます（注❹-7）。

注❹-7
split()として、区切り文字を指定しなかった場合は、スペースや改行、タブなどの空白文字で区切られます。

例1

```
>>> '2021-04-01'.split('-')    ← 記号'-'で文字列を区切ります
['2021', '04', '01']    ← 3つの要素を持つリストが戻り値です
```

例2（変数を使用）

```
>>> s = '2021-04-01'
>>> l = s.split('-')    ← 変数sの文字列を区切った結果を変数lに代入します
>>> print(l)    ← 変数l（リスト）の中身を出力します
['2021', '04', '01']
```

■置換（replaceメソッド）

replaceメソッドは、第1引数で渡した文字列が含まれる場合、その文字列を第2引数で渡された文字列に置き換えます。

例1

```
>>> 'Java言語の学習'.replace('Java言語', 'Python')    ← 'Java言語'を'Python'
'Pythonの学習'                                           に置き換えます
```

例2（変数を用いる）

```
>>> s1 = 'Java言語の学習'
>>> s2 = s1.replace('Java言語', 'Python')
>>> print(s2)
'Pythonの学習'
```

変数s1の文字列に対して置換を行った結果を変数s2に代入します

formatメソッドによる文字列の整形

40ページ「変数の値の埋め込み（フォーマット文字列）」では、フォーマット文字列を使って、文字列の中に変数を埋め込む方法を説明しました。**str**クラスの**format**メソッドを使用すると、文字列への埋め込み方をより詳細に制御できます。**format**メソッドは、引数で渡した値を文字列の中の{}の部分に、順番に埋め込みます。

次の例では、**format**メソッドを用いて3つの変数の値を文字列に埋め込みます。

```
>>> year = 2021
>>> month = 4
>>> day = 10
>>> message = '今日は{}年{}月{}日です'.format(year, month, day)
>>> print(message)
今日は2021年4月10日です
```

文字列の中の{}に数字が埋め込まれました

次のように、{}の中に引数のインデックス番号（0から始まる数字）を記入して、埋め込む位置と引数の対応を指定することもできます。

```
>>> year = 2021
>>> month = 4
>>> day = 10
>>> message = '今日は{1}月{2}日です。西暦{0}年です。'.format(year, ➡
month, day)
>>> print(message)
今日は4月10日です。西暦2021年です。
```

変数monthの値が埋め込まれます

変数yearの値が埋め込まれます

変数dayの値が埋め込まれます

➡は紙面の都合で折り返していることを表します。

さらに、インデックス番号の後にコロン（:）をつけると、続けて書式を指定できます。

たとえば、{0:.3f}と記述すると、第1引数の値の小数点以下3桁までを出力します（インデックス番号は省略できます）。

```
>>> import math                              ← mathモジュールをインポートします
>>> '円周率は{}'.format(math.pi)              ← 定数math.piを埋め込みます
'円周率は3.141592653589793'
>>> '円周率は{:.3f}'.format(math.pi)          ← 小数点以下3桁までを出力するよう書式を指定
                                                 します（インデックス番号を省略しています）
'円周率は3.142'                               ← 小数点以下3桁までが出力されました
```

書式の指定を「,」とすると、3桁ごとに「,」で区切ります。

```
>>> '{:,}円'.format(1200)         ← インデックス番号の指定は省略しています
'1,200円'                         ← 3桁ごとに,で区切られました
>>> '{:,}円'.format(1000000)
'1,000,000円'                     ← 3桁ごとに,で区切られました
```

書式の指定を「>5」とすると、5文字分の幅に右寄せします。

```
>>> '{:>5}'.format(99)
'   99'      ← 左側に空白が3つ付与されました
>>> '{:>5}'.format(999)
'  999'      ← 左側に空白が2つ付与されました
```

他にもさまざまな書式の指定方法がありますが、ここでは、上記の例の紹介にとどめます。

in演算子

KEYWORD
●in演算子

注❹-8
strクラスのメソッドではありません。

文字列の中に指定した文字列が含まれるかどうかを調べるために、in演算子（インえんざんし）を使用できます（注❹-8）。

構文❹-1 in演算子

```
文字列1 in 文字列2
```

文字列1が、文字列2の中に含まれる場合、in演算子を含む式の値はTrueになります。

```
>>> 'オブジェクト' in 'Pythonはオブジェクト指向言語'
True     ← 'Pythonはオブジェクト指向言語'という文字列に
           'オブジェクト'という文字列が含まれます
```

変数に代入してから確認する場合は次のようになります。

```
>>> s1 = 'オブジェクト'
>>> s2 = 'Pythonはオブジェクト指向言語'
>>> s1 in s2
True
```

次のように、含まれない文字列で試すと、値は**False**になります。

```
>>> 'Java' in 'Pythonはオブジェクト指向言語'
False
```

'Pythonはオブジェクト指向言語'という文字列に'Java'という文字列は含まれません

登場した主なキーワード

- **in演算子**：左辺の文字列の中に、右辺の文字列が含まれるかどうか判定する演算子。

まとめ

- 実際のプログラムで、文字列を操作する場面はたくさんあります。
- **str**クラスには文字列を操作するためのたくさんのメソッドが定義されています。
- **in**演算子や**format**関数など、文字列を操作するための仕組みがPythonには備わっています。

4-3 リストとタプル

学習のポイント

- 複数の要素を格納し、それらを取り扱うための機能を持つものを総称してコレクションといいます。
- コレクションの代表的なものであるリストとタプルの機能を学習します。

コレクションとは

2-3節で学んだように、リストには複数の要素を格納することができます。本節で学ぶタプルや、次節で学ぶ辞書（じしょ）とセットも、リストと同様に複数の要素を格納できます（注❹-9）。それぞれ、要素の取り扱い方や、持っている機能に違いはありますが、「複数の要素を格納し、それらを取り扱うための機能を持つ」という共通の性質を持っています。このような性質を持つものを総称してコレクションと呼びます。

コレクションには、数値や文字列以外にも、さまざまなオブジェクトを格納できます。実際のプログラムでは、たくさんのオブジェクトを扱うことが多いため、コレクションについて学ぶことは大切です。

KEYWORD
- タプル
- 辞書
- セット
- コレクション

注❹-9
いずれもPythonに最初から準備されている、基本型の1つです。

リスト

ここでは、改めてリストの機能について詳しく見ていきます。

リストは`list`クラスのインスタンスです。`list`クラスには、表❹-1に示すように、要素を後から追加・削除したり、指定した要素が含まれているかどうか調べたりするメソッドがあります。

これ以降で、これらのメソッドの具体的な使用例を紹介していきます。

KEYWORD
- リスト

表❹-1 listクラスの主なメソッド

メソッド	説明
append(x)	末尾にxを追加する
insert(i, x)	インデックスiの位置にxを挿入する
remove(x)	最初に見つかった、値がxの要素を削除する
pop()	末尾にある要素を返し、削除する
clear()	全要素を削除する
index(x)	最初に見つかった、値がxの要素のインデックスを返す
count(x)	要素にxが出現する回数を返す
reverse()	要素の並び順を反転する

■リストへの要素の追加（appendメソッド）

リストに要素を追加するには、**append**メソッドを使用します。次のように、引数で渡した値が、末尾に追加されます。

```
>>> scores = [50, 55, 70, 65, 80]
>>> scores.append(100)    ← 100という値を末尾に追加します
>>> print(scores)
[50, 55, 70, 65, 80, 100]    ← 末尾に100が追加されました
```

■末尾の要素の取り出し（popメソッド）

popメソッドを使って、リストの末尾の要素を取得できます。それと同時に、末尾の要素が削除されます。

```
>>> scores = [50, 55, 70, 65, 80]
>>> a = scores.pop()    ← 末尾の値を取得して、変数aに代入しています
>>> print(a)
80    ← 末尾にあった要素の値です
>>> print(scores)
[50, 55, 70, 65]    ← 末尾の要素が削除されました
```

■並び順の反転（reverseメソッド）

reverseメソッドで並び順を反転できます。

```
>>> data = [1, 2, 3, 4, 5]
>>> data.reverse()
>>> print(data)
```

```
[5, 4, 3, 2, 1]  ← 並び順が反転しました
```

■検索（indexメソッド）

indexメソッドを使用することで、要素のインデックスを取得できます。同じ値の要素が複数含まれる場合は、いちばん前にある要素のインデックスが得られます。要素が含まれない場合はエラーになります（注❹-10）。

注❹-10
次ページで紹介する**in**演算子を用いて、含まれるかどうかを確認できます。

```
>>> data = ['A', 'B', 'C', 'D', 'C']
>>> data.index('A')  ← 'A'がリストの何番目にあるか調べます
0  ← 先頭の要素のインデックスは0です
>>> data.index('C')  ← 'C'がリストの何番目にあるか調べます
2  ← 同じ値の要素が複数含まれる場合は、前のほうの要素のインデックスが返されます
>>> data.index('Z')  ← 'Z'がリストの何番目にあるか調べます
Traceback (most recent call last):
  File "<stdin>", line 1, in <module>
ValueError: 'Z' is not in list
                     } 含まれない場合はエラーが発生します
```

メソッド以外のリストの操作

listクラスに定義されているメソッドを使用する例をこれまでに紹介しましたが、メソッドを用いる以外の方法でも、リストの操作を行うことができます。それらを以降に紹介します。

■リストの要素の削除（del文）

KEYWORD
●del文

リストに含まれる要素を削除するには、del（デル）文（ぶん）を用います。**del**文の構文は次の通りです。削除する要素をインデックスで指定します。

構文❹-2 del文

```
del 変数名[インデックス]
```

次のようにして、リストに含まれる要素を削除できます。

```
>>> scores = [50, 55, 70, 65, 80]
>>> del scores[1]  ← インデックス1の要素（先頭から2番目の要素）を削除します
>>> print(scores)
[50, 70, 65, 80]  ← 先頭から2番目の要素が削除されました
```

■2つのリストの連結（+演算）

文字列と同じように、+演算子を用いて2つのリストを連結できます。

```
>>> list1 = [2, 4, 6]
>>> list2 = [10, 20, 30]
>>> list3 = list1 + list2    ← +演算子で2つのリストを連結します
>>> print(list3)
[2, 4, 6, 10, 20, 30]    ← 2つのリストが連結されました
```

■要素が含まれるか確認する（in演算子）

KEYWORD
●in

in（イン）演算子を使って、要素がリストに含まれるか調べることができます。含まれる場合は**True**、含まれない場合は**False**の値になります。

```
>>> data = ['Python', 'Java', 'PHP']
>>> 'PHP' in data    ← 'PHP'という文字列がリストに含まれるか調べます
True    ← 含まれていることがわかります
>>> 'C++' in data    ← 'C++'という文字列がリストに含まれるか調べます
False    ← 含まれていないことがわかります
```

■要素の数を調べる（len関数）

len関数を使用して、リストに含まれる要素の数を知ることができます（注❹-11）。

注❹-11
42ページ「文字列の長さの取得」で説明したように、len関数は文字列に含まれる文字の数を調べる用途でも使用できます。

```
>>> scores = [50, 55, 70, 65, 80]
>>> len(scores)
5    ← 要素の数が5であることがわかります
```

この**len**関数は、**print**関数や**id**関数と同じ組み込み関数の1つであって、インスタンスが持つメソッドではないことに気をつけましょう。**len**関数は、リスト以外にも、複数の要素を持つオブジェクトに対して、同じように使用できます。

■並べ替え（sorted関数）

sorted関数を使用して、リストに含まれる要素をソート（並べ替え）できます。

```
>>> scores = [50, 55, 70, 65, 80]
>>> scores = sorted(scores)    ← ソートした結果を、元の変数と同じscoresに代入します
```

```
>>> print(scores)
[50, 55, 65, 70, 80]    ← 要素の値が昇順に並べ替えられました
```

リストに格納されている要素が文字列の場合は、アルファベット順になります。

```
>>> data = ['orange', 'apple', 'banana', 'melon']
>>> data = sorted(data)    ← ソートした結果を、元の変数と同じdataに代入します
>>> print(data)
['apple', 'banana', 'melon', 'orange']    ← 要素の値がアルファベット順に並べ替えられました
```

引数に、**reverse=True**という記述（注❹-12）を追加すると、並び順が降順になります。

注❹-12
キーワード引数と呼びます。詳しくは150ページ「キーワード引数」で説明します。

```
>>> scores = [50, 55, 70, 65, 80]
>>> scores = sorted(scores, reverse=True)    ← 降順に並べ替えます
>>> print(scores)
[80, 70, 65, 55, 50]    ← 降順に並べ替えられました
```

内包表記

これまでの例では、次のように要素の値を1つ1つ記述して、リストを作成していました。

```
data = [0, 2, 4, 6, 8, 10, 12, 14, 16, 18]
```

このような方法だと、要素が増えるほどプログラムコードを記述することが大変になります。また、次のようにn番目の要素を2のn乗の値にしたい、という場合には、その値を事前に計算しておく必要があり不便です。

```
data = [2, 4, 8, 16, 32, 64, 128, 256, 512, 1024]
```

そこで、次のように、まず空のリストを作成してから、**for**文を使って要素を1つ1つ、**append**メソッドで追加する方法が考えられます。次の例では、1～10の値をとる**n**に対して、2の**n**乗を計算してリストに追加しています。

```
>>> data = []                    ← 空のリストを生成します
>>> for n in range(1, 11):       ← 1～10の値を含むrange オブジェクトを使用します
....    data.append(2**n)        ← 2のn乗をリストに追加します
....
>>> print(data)
[2, 4, 8, 16, 32, 64, 128, 256, 512, 1024]
```

上の例では、**for**文を使用しました。Pythonでは、この**for**文を、リストの要素を書くべき**[ ]**の中に記述してしまうことで、プログラムコードをもっと簡潔にできます。これを、**for**文を使った内包表記（ないほうひょうき）といいます。

KEYWORD
●内包表記

具体的には、次のようにします。

```
>>> data = [2**n for n in range(1, 11)]
>>> print(data)
[2, 4, 8, 16, 32, 64, 128, 256, 512, 1024]
```

先ほどの**for**文を用いた処理が1行で書けてしまいました。内包表記の構文は次の通りです。

構文❹-3 内包表記

```
[式 for 変数 in 反復可能なオブジェクト]
```

「**for 変数 in 反復可能なオブジェクト**」という表記は3-4節で学習した**for**構文と同じです。反復可能なオブジェクトに含まれる要素が順番に「変数」に代入されます。そして、そのつど**for**文の前に記述した「式」の値が評価されて要素に追加されます。先ほどの例では、**2**の**n**乗の値が順番にリストに追加されます。

次のように文字列を要素に持つリストも生成できます。

```
>>> data = [str(n)+'月' for n in range(1, 13)]
>>> print(data)
['1月', '2月', '3月', '4月', '5月', '6月', '7月', '8月', '9月', ➡
'10月', '11月', '12月']
```

➡は紙面の都合で折り返していることを表します。

内包表記の「反復可能なオブジェクト」にリストを使用すると、リストに含まれる要素を使って新しいリストを作ることができます。次の例では、リストに含まれる文字列の要素を、すべて大文字に変換した新しいリストを作っています。

```
>>> l0 = ['apple', 'orange', 'banana', 'avocado']
>>> l1 = [s.upper() for s in l0]      ←1つ1つの要素をupperメソッドで大文字に変換して、新しいリストを作成します
>>> print(l1)
['APPLE', 'ORANGE', 'BANANA', 'AVOCADO']
```

内包表記の末尾に「**if 条件式**」を追加することで、条件を満たすものだけをリストに追加できます。

構文❹-4 if構文を含む内包表記

```
[式 for 変数 in 反復可能なオブジェクト if 条件式]
```

たとえば次のようにして、英単語を要素とするリストから、先頭が**a**の単語だけを抽出したリストを作ることができます。

```
>>> data0 = ['apple', 'orange', 'banana', 'avocado']
>>> data1 = [s for s in data0 if s[0] == 'a']
>>> print(data1)
['apple', 'avocado']      ←aで始まる単語だけが格納されています
```

ワン・モア・ステップ！

リストを含むリスト

リストには、異なる型の値を格納できます。次の例では、文字列型、**int**型、**float**型の要素を含むリストを作成しています。

```
>>> data = ['太郎', 18, 175.6]
>>> type(data[0])      ←先頭の要素の型を確認します
<class 'str'>
>>> type(data[1])      ←2番目の要素の型を確認します
<class 'int'>
>>> type(data[2])      ←3番目の要素の型を確認します
<class 'float'>
```

次のように、リストの中にリストを格納することもできます。

```
>>> data = [[1, 2], [3, 4, 5]]      ←2つのリストを持つリストです
>>> type(data[0])
<class 'list'>      ←先頭の要素がリストであることを確認できます
```

この場合、data[0]がリスト[1, 2]、data[1]がリスト[3, 4, 5]に対応します。

それぞれのリストの要素に対して、インデックスを並べてdata[0][0]、data[0][1]のようにして値を参照できます。

```
>>> data = [[1, 2], [3, 4, 5]]
>>> data[0][0]   ← 先頭のリストの先頭の要素を参照します
1
>>> data[0][1]   ← 先頭のリストの2番目の要素を参照します
2
>>> data[1][0]   ← 2番目のリストの先頭の要素を参照します
3
>>> data[1][1]   ← 2番目のリストの2番目の要素を参照します
4
>>> data[1][2]   ← 2番目のリストの3番目の要素を参照します
5
```

タプル

KEYWORD
●タプル

タプルは、後から要素の値を変更できないリストです。要素の追加と削除もできないので、リストと比べると、できることが限られます。リストを生成するときには記号[ ]を使いましたが、タプルの場合は記号( )を使用します。

次は、タプルを生成する例です。

```
>>> scores = (50, 55, 70, 65, 80)   ← 5つの整数を要素に持つタプルです
```

型を確認するとtuple型であることがわかります。

```
>>> type(scores)
<class 'tuple'>
```

リストと同様に、インデックスで要素にアクセスできます。

```
>>> scores = (50, 55, 70, 65, 80)
>>> print(scores[0])   ← 先頭の要素の値を出力します
50
```

　タプルは値の変更ができないので、値を代入しようとするとエラーが発生します。

```
>>> scores = (50, 55, 70, 65, 80)
>>> scores[0] = 100    ← 値を変更することはできないため、エラーが発生します
Traceback (most recent call last):
  File "<stdin>", line 1, in <module>
TypeError: 'tuple' object does not support item assignment
```

メモ

　タプルを生成するときに使う**( )**は省略することができます。たとえば、

```
scores = (50, 55, 70, 65, 80)
```

は、

```
scores = 50, 55, 70, 65, 80
```

と書くこともできます。

　リストとほとんど同じように使えるのに、なぜ値の変更ができないタプルが存在するのか疑問に思うかもしれません。そこで、リストとタプルの用途の違いについて説明します。

　リストは、複数のオブジェクトを管理するのに使用します。リストに格納しているオブジェクトを入れ替えたり、新しく追加したり、または削除したりできます。

　一方、タプルは、複数の値をまとめて1つのオブジェクトのように扱う場合や、後から変更しない複数の要素を扱う場合に使用します。たとえば**('Mon', 'Tue', 'wed', 'Thu', 'Fri', 'Sat', 'Sun')**といった曜日のように、後から値の追加や削除などしないことが明らかな場合は、タプルを使うとよいでしょう。

　タプルには、次節で説明する「辞書のキーに使える」という利点や、「処理速度がリストよりも高速である」という利点があります。また、152ページ「可変長引数（引数をタプルで受け取る）」で説明するように、複数の値をまとめて関数の戻り値としたいときに、タプルを用いることがあります。

アンパック代入

次のようにして、リストやタプルに含まれる要素を、同じ数の変数に1つ1つ代入することができます。

```
>>> data = ('山田', '太郎', '090-0000-0000')
>>> a, b, c = data
>>> print(a)
山田
>>> print(b)
太郎
>>> print(c)
090-0000-0000
```

タプルdataに含まれる3つの要素を、左辺の変数に1つずつ代入します

タプル**data**に格納されている3つの値が**a**、**b**、**c**という3つの変数に順番に代入されました。このような代入の仕方を、アンパック代入（だいにゅう）といいます。

KEYWORD

●アンパック代入

登場した主なキーワード

- **コレクション**：複数の要素を格納し、それらを取り扱うための機能を持つもの。
- **タプル**：リストと同様に複数の要素を管理するためのもの。ただし、要素を変更できません。
- **アンパック代入**：リストやタプルに含まれる要素を、要素の数と同じだけの変数に1つ1つ代入すること。

まとめ

- 複数のオブジェクトをまとめて管理するための基本型に、リストとタプルがあります。
- リストには、要素を追加・削除したり、検索したりする便利なメソッドがあります。
- タプルは、リストと似ていますが、要素を変更できないという制約があります。
- 内包表記によって、リストに含まれる要素を一度に生成できます。

4-4 辞書とセット

学習のポイント

- キーと値のペアでオブジェクトを管理できる辞書(dict)の扱いを学びます。
- 辞書に格納された要素は、キーを使って取得できます。
- 複数の要素を格納する、セット(set)の扱いも学びます。

KEYWORD

- 辞書型(dict型)
- 辞書
- キー(key)
- 値(value)

注❹-13

dictはdictionary(辞書)を短くした語です。

辞書(dict)

Pythonの組み込み型の1つに、辞書型(dict型)というものがあります(注❹-13)。この辞書型(dict型)のオブジェクトのことを、単に辞書と呼びます。

辞書は、リストと同様に、複数のオブジェクトをまとめて管理するために使用します。皆さんが日常使う国語辞書などは、キーワードと、その意味がペアになっていて、キーワードから意味を調べることができます。Pythonの辞書も、それと同じような仕組みになっています。キーワードのことをキー(key)と呼び、キーとペアになっているものを値(value)と呼びます。

辞書には、このキーと値をペアにして保存し、後でキーを使って、値を取り出すことができます。たとえば、'address'というキーと、'茨城県つくば市99-99'という値をペアにして保存した場合、後で'address'をキーワードにして'茨城県つくば市99-99'という情報を取り出すことができます。

辞書の生成は次のように、キーと値のペアをコロン(:)を挟んで記述し、それをカンマ区切りで並べます。

構文❹-5 辞書の生成

```
変数名 = {キー1:値1, キー2:値2, キー3:値3, … }
```

'firstname'、'lastname'、'address'の3つの文字列それぞれをキーとして、対応する値が'太郎'、'山田'、'茨城県つくば市 99-99'である辞書は次のようにして生成できます。

```
>>> info = {'firstname':'太郎', 'lastname':'山田', 'address':➡
'茨城県つくば市 99-99'}
```

➡は紙面の都合で折り返していることを表します。

キーに重複があってはいけません。もしキーに重複があった場合には、後から設定したキーと値のペアで上書きされます。

図❹-5は、上記のコードで生成される辞書オブジェクトのイメージを表したものです。

図❹-5 辞書のイメージ

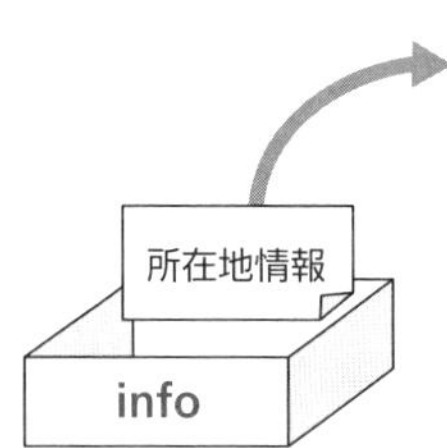

キー(key)	値(value)
'firstname'	'太郎'
'lastname'	'山田'
'address'	'茨城県つくば市99-99'

次のようにして、変数infoに代入されているものがdict型であることを確認できます。

```
>>> info = {'firstname':'太郎', 'lastname':'山田', 'address':➡
'茨城県つくば市 99-99'}
>>> type(info)
<class 'dict'>    ← dict型であることがわかります
```

➡は紙面の都合で折り返していることを表します。

print関数で辞書の内容を出力できます。

```
>>> info = {'firstname':'太郎', 'lastname':'山田', 'address':➡
'茨城県つくば市 99-99'}
>>> print(info)
{'firstname': '太郎', 'lastname': '山田', 'address': '茨城県つくば➡
市 99-99'}    ← 辞書の内容が出力されます
```

➡は紙面の都合で折り返していることを表します。

上記の実行例では、辞書を作成したときに記述した通りの順番でキーと値のペアが出力されましたが、この順番が保たれることは保証されていません。多くの場合で、異なる順番で出力されます。

辞書の基本的な操作

リスト同様に、辞書に対してもさまざまな操作を行えます。ここでは、辞書に格納されている値の取得や要素の追加と削除など、基本的な操作方法を説明します。

■値の取得（getメソッド）

辞書に対しては、

```
変数名[キー]
```

という記述で、そのキーに関連付けられた値を取得できます（注❹-14）。

注❹-14
リストの場合は、インデックスを指定しました。辞書は、キーを使って値を取得できるのです

```
>>> print(info['lastname'])   ← 'lastname'をキーとする値を取得します
'山田'   ← 'lastname'とペアになっていた'山田'という文字列が出力されます
```

dictクラスに定義されているgetメソッドを使用して値を取得することもできます。

```
>>> print(info.get('firstname'))
'太郎'   ← 'firstname'とペアになっていた'太郎'という文字列が出力されます
```

記号[ ]を使用した場合とgetメソッドを使用した場合で結果に違いはありませんが、指定したキーに対応する値が存在しない場合の動作が違います。記号[ ]を使用した場合は、エラーとなりますが、getメソッドの場合は、None（ナン）という特別な値が返されます。

KEYWORD
●None

```
>>> print(info.get('phone'))   ← 対応する値がないキー（'phone'）を指定しています
None   ← 空を意味する特別な値です
```

メモ

指定したキーに対応する値が存在しない場合、getメソッドの戻り値はNoneという特別な値になります（注❹-15）。Noneは、値そのものが存在しないことを意味します。List❹-1のようにis演算子を用いて戻り値とNoneを比較することで、

注❹-15
[ ]を使った値の取得では、エラーが発生します。

キーに対応する値が辞書に含まれていない場合に対処できます。

List❹-1 4-01/dict_example.py

```
info = {'firstname':'太郎', 'lastname':'山田', 'address➡
':'茨城県つくば市 99-99'}
if(info.get('phone') is None):
    print("'phone'をキーとする値がありません")
```

実行結果

```
'phone'をキーとする値がありません
```

➡は紙面の都合で折り返していることを表します。

■一覧の取得(keysメソッド、valuesメソッド、itemsメソッド)

keysメソッドでキーの一覧を取得できます。戻り値は反復可能オブジェクトなので、**for**文と組み合わせて、1つ1つのキーを取得できます。

先ほどと同じ、変数**info**に代入されている辞書に対しては、次のようにして、すべてのキーを取得できます。

```
>>> for k in info.keys():
...     print(k)
...
firstname
lastname
address
```

for文の反復可能オブジェクトに、keysメソッドの戻り値を使用します

キーを1つ1つ出力しています

keysメソッドを**values**メソッドに置き換えることで、今度はすべての値を取得できます。

```
>>> for v in info.values():
...     print(v)
...
太郎
山田
茨城県つくば市 99-99
```

for文の反復可能オブジェクトに、valuesメソッドの戻り値を使用します

値を1つ1つ出力しています

itemsメソッドでは、すべてのキーと値のペアを取得できます。戻り値は反復可能オブジェクトで、その要素は**キーと値を格納したタプル**です。

次のようにして、キーと値を同時に取得できます。

```
>>> for i in info.items():
...     print(i)
...
('firstname', '太郎')
('lastname', '山田')
('address', '茨城県つくば市 99-99')
```

for文の反復可能オブジェクトに、itemsメソッドの戻り値を使用します

キーと値のペアを含むタプルを取り出せます

120ページで紹介したアンパック代入を使うと、次のように、キーと値を別々の変数で取得できます。

```
>>> for k, v in info.items():
...     print(k, v)
...
firstname 太郎
lastname 山田
address 茨城県つくば市 99-99
```

キーを変数k、値を変数vに代入します

■要素の追加と値の変更

キーが`'tel'`、値が`'090-000-0000'`というペアを辞書に追加する場合、値を参照するときと同じように`[ ]`記号を使って、次のようにします。

```
>>> info['tel'] = '090-000-0000'
```

これで、`'tel'`をキー、`'090-000-0000'`を値とする要素が追加されます。すでにキーが存在する場合は、後から指定した値に変更されます。

■要素の削除（del文）

要素を削除するには、次のように`del`文を使用します。

```
>>> del info['address']
```

指定したキーが存在しない場合はエラーになります。

■要素数の確認（len関数）

要素の数を調べるには、リストのときと同じように、`len`関数を使って次のようにします。

```
>>> len(info)
3
```

■キーの存在の確認（in演算子）

指定したキーが含まれるか調べるには、リストのときと同じように**in**演算子を使って次のようにします。含まれる場合には**True**、含まれない場合は**False**となります。

```
>>> 'age' in info
False    ←'age'というキーが存在しないことがわかります
>>> 'firstname' in info
True     ←'firstname'というキーが存在することがわかります
```

ワン・モア・ステップ！

辞書の要素をsorted関数で並べ替える

辞書には、リストのような並び順というものがありません。そのため、辞書に対する並べ替えという操作は、そもそも存在しません。

しかしながら、キーと値のペアを、キーでソートして取得したい場合があります。そのようなときには、次のように**items**メソッドでキーと値を格納したタプルのリスト取得し、それを**sorted**関数で並べ替えることで実現できます。

```
>>> data = {'b':5, 'c':2, 'a':8, 'd':7}
>>> print(sorted(data.items()))
[('a', 8), ('b', 5), ('c', 2), ('d', 7)]  ←キーがアルファベット順（昇順）になるように並び変わりました
```

sorted関数によって、タプルが格納されたリストをソートすると、タプルの最初の要素を基準に並べ替えが行われるのです。

キーではなくて、値によって並べ替える（タプルの2番目の要素によって並べ替える）には、**sorted**関数に対して、何を基準に並べ替えを行うかを指定する必要があるため、少し手の込んだ方法が必要になります。

先に具体例を見てみましょう。

```
>>> data = {'b':5, 'c':2, 'a':8, 'd':7}
>>> print(sorted(data.items(), key=lambda x:x[1]))
 [('c', 2), ('b', 5), ('d', 7), ('a', 8)]  ←値が昇順になるように並び変わりました
```

sorted関数に、キーワード引数「**key=lambda x:x[1]**」が追加されています。「**lambda x:x[1]**」の部分はラムダ式（lambda式）というもので（注❹-16）、並べ替えのときに、どのように値を評価するかを指示するものです。この例では、キーと値を格納したタプルが変数xに与えられたときに、**x[1]**の値（タプルのインデックスが1の要素）で並べ替えることを意味します。

注❹-16
162ページ「ラムダ式（lambda式）」で詳しく説明します。

セット（set）

KEYWORD
●セット（set）

セット（set）は、複数のオブジェクトを格納できる点で、リストに似ていますが、「要素の重複を許さない」「順序がない」という特徴を持ちます。

セット（set）を生成するには{ }の中にカンマ区切りで要素を並べます。次のように記述します。

書式❹-1　セットの生成

```
変数名 = {値1, 値2, …}
```

リストは[ ]を使用し、タプルは( )を使用しました。セットは{ }を使用します。

リストやタプル同様に、print関数で、格納されている要素を確認できます。

```
>>> chars = {'A', 'B', 'C', 'D', 'E'}   ← 5つの要素をもつセットを生成します
>>> print(chars)
{'A', 'C', 'B', 'E', 'D'}   ← 並び順が保たれていません
```

出力結果から、生成したときの並び順が保たれていないことを確認できます。セットには、順序という概念がないのです。

また、セットは重複した値を持つことができません。次のように、同じ文字を含むように記述しても、それぞれの文字が1つずつ含まれる状態になります。

```
>>> chars = {'A', 'B', 'B', 'C', 'C', 'C'}   ← 重複する要素を含んでいます
>>> print(chars)
{'B', 'A', 'C'}   ← 格納されている要素は'A'、'B'、'C'それぞれ1つずつです
```

セットの基本的な操作

それでは、セットに対する基本的な操作方法を見ていきましょう。

■リストからセットを作る

次のようにして、リストからセットを作ることができます。

```
>>> data = [1, 2, 3]   ← リストを作成します
>>> s = set(data)   ← リストからセットを生成します
```

```
>>> print(s)
{1, 2, 3}   ← セット型のオブジェクトです
```

■セットの包含関係を調べる（issubsetメソッド）

issubsetメソッドによって、あるセットの要素すべてが、別のセットに含まれるか（サブセットであるか）どうかを確認できます。

```
>>> set1 = {'A', 'B', 'C'}
>>> set2 = {'B', 'C'}
>>> set2.issubset(set1)
True   ← set2はset1のサブセットです
>>> set1.issubset(set2)
False   ← set1はset2のサブセットではありません
```

■セットどうしの演算

セットどうしで、表❹-2に示すような演算を行うことができます。

表❹-2　セットどうしの演算（集合演算）

演算子	演算	例
|	和集合	set1 | set2（set1とset2の少なくともどちらか一方に含まれる要素からなるセットを得る）
&	積集合	set1 & set2（set1とset2の両方に含まれる要素からなるセットを得る）
-	差集合	set1 - set2（set1から、set2に含まれる要素を除いたセットを得る）
^	排他的論理和	set1 ^ set2（set1とset2のどちらか一方にだけ含まれる要素からなるセットを得る）

次のようにして、2つのセット**set1**と**set2**に対して、表❹-2に示した演算を行った結果を確認できます。

```
>>> set1 = {'A', 'B', 'C'}
>>> set2 = {'A', 'B', 'D'}
>>> set1 | set2
{'D', 'B', 'C', 'A'}   ← 和集合です（少なくともどちらか一方に含まれるものが出力されます）
>>> set1 & set2
{'A', 'B'}   ← 積集合です（両方に含まれるものが出力されます）
>>> set1 - set2
{'C'}   ← 差集合です（set1にのみ含まれるものが出力されます）
>>> set1 ^ set2
{'C', 'D'}   ← 排他的論理和です（どちらか一方にのみ含まれるものが出力されます）
```

図❹-6は、それぞれの演算のイメージです。

図❹-6　セットの集合演算（色のついている領域が演算した結果を表します）

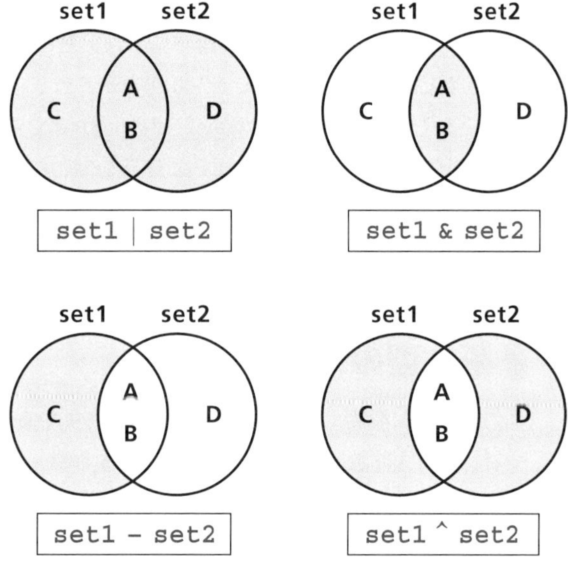

登場した主なキーワード

- 辞書（dict型）：キーと値のペアで複数のオブジェクトを管理することができるコレクション。
- セット（set型）：複数のオブジェクトを管理するための、シンプルなコレクション。重複を許さないという特徴があります。

まとめ

- 辞書（dict型）は、キーと値のペアで複数のオブジェクトを管理する用途で使用します。キーは重複してはいけません。
- セット（set型）は、複数のオブジェクトを管理するために使用できる、シンプルなコレクションです。重複を許さないという特徴があります。

4-5 基本型の性質

学習のポイント

- これまでに扱ったPythonの基本型の性質を確認します。
- 値を変更できる型と変更できない型があります。
- for文で使用できる型と使用できない型があります。
- インデックスで要素にアクセスできるものと、そうでないものがあります。

基本型の性質

これまでに学習した基本型は、それぞれ異なる性質を持っていました。ここでは、**int**（整数）、**float**（小数点を含む数）、**bool**（真偽値）、**str**（文字列）、**list**（リスト）、**tuple**（タプル）、**dict**（辞書）、**set**（セット）のそれぞれの型に対して、「値を変更可能であるかどうか」「反復可能であるか」「順序を持つか」という3つの性質について整理してみます。ここで挙げた3つの性質については、これ以降で詳しく説明していきます。型の性質を理解することで、与えられたオブジェクトに対してどのような操作が可能であるか予測できるようになります。

変更可能な型（ミュータブルな型）と変更不可能な型（イミュータブルな型）

英語のミュータブル（mutable）とは「変更できる」を意味する単語で、イミュータブル（immutable）は「変更できない」を意味する単語です。

Pythonの型には、値を変更できる型と、値を変更できない型があり、それぞれをミュータブルな型、イミュータブルな型といいます。

KEYWORD
- ●ミュータブルな型
- ●イミュータブルな型

数値（**int**型、**float**型）、真偽値（**bool**型）、文字列（**str**型）、タプル（**tuple**型）は値を変更できない、イミュータブルな型です。たとえば、

```
a = 2
```

とした後で、

```
a = 3
```

とできるので、値を変更できるように見えますが、**int**型はイミュータブルな型（値を変更できない型）です。どうしてでしょうか。

ここでの「値を変更できない」とは、「インスタンス（オブジェクト）のIDの値を保ったまま、値を変更できない」という意味です。

変数**a**のIDを確認してみると、値を変更する前と後でIDが変わってしまっていることを確認できます。

```
>>> a = 2         ← 変数aに、値2を代入します
>>> id(a)         ← 変数aが参照するインスタンスのIDを確認します
140735461447360
>>> a = 3         ← 変数aに、値3を代入します
>>> id(a)         ← 変数aが参照するインスタンスのIDを確認します
140735461447392   ← 先ほどと異なるIDです
```

つまり、インスタンスが持っている値が変わったのではなくて、変数**a**が参照するインスタンスが、別のインスタンスに変わったのです（注❹-17）。**イミュータブルな型とは、インスタンス（オブジェクト）そのものを取り換えないと値を変えられない型のことをいいます。**

注❹-17
図❹-3（99ページ）で説明しています。

一方で、リスト（**list**型）はインスタンスそのものを変えずに、格納されている値を変更できるため、ミュータブルな型です。このことは、次のようにして確認できます。

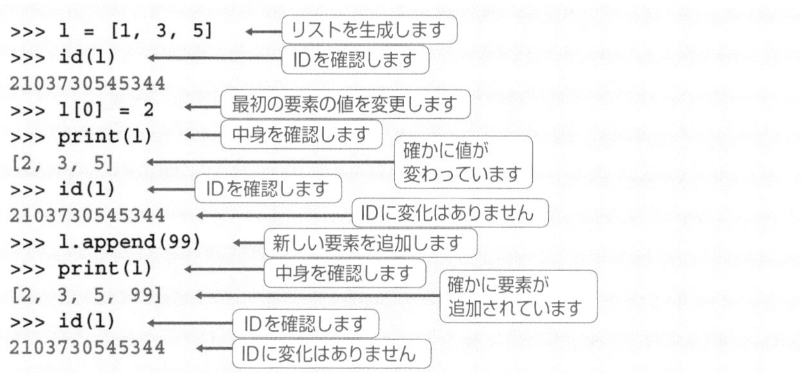

```
>>> l = [1, 3, 5]     ← リストを生成します
>>> id(l)             ← IDを確認します
2103730545344
>>> l[0] = 2          ← 最初の要素の値を変更します
>>> print(l)          ← 中身を確認します
[2, 3, 5]             ← 確かに値が変わっています
>>> id(l)             ← IDを確認します
2103730545344         ← IDに変化はありません
>>> l.append(99)      ← 新しい要素を追加します
>>> print(l)          ← 中身を確認します
[2, 3, 5, 99]         ← 確かに要素が追加されています
>>> id(l)             ← IDを確認します
2103730545344         ← IDに変化はありません
```

リストそのもののIDは変化せずに、格納されている要素を変化させることが

できました。そのため、リストはミュータブルであるといいます。

タプルはリストと似ていますが、値を変更できないイミュータブルな型です。リストのときと同じように、インデックスで指定した要素の値を変えようとするとエラーになることを119ページで説明しました。

それでは、+演算子を使って要素数を増やした場合はどうでしょうか。次のようにしてIDを確認してみましょう。

```
>>> t = (1, 3, 5)  ←タプルを生成します
>>> id(t)  ←IDを確認します
1960832240704
>>> t = t + (7, 9)  ←タプルに7と9の2つの値を追加します
>>> print(t)  ←タプルの中身を確認します
(1, 3, 5, 7, 9)
>>> id(t)  ←IDを確認します
1960829752240  ←IDが変わったことを確認できます
```

タプルの要素数を増やす操作をすると、IDが変わってしまう（別のインスタンスに置き換わる）ことが確認できます。このように、タプルは後から中身を変更できないのです。このように、基本型には、値を変更するとIDが変わってしまうもの（別のインスタンスに置き換えないといけないもの）と、IDを変えずに（同じインスタンスで）その中身を変更できるものがあります。

基本型を、ミュータブル（変更できる）とイミュータブル（変更できない）のどちらであるかで分類すると、次のようになります。

- ミュータブル ………… `list`型、`dict`型、`set`型
- イミュータブル ……… `int`型、`float`型、`bool`型、`str`型、`tuple`型

反復可能なオブジェクト

3-4節で学習した、`for`文を記述するための構文は次のようなものです。

構文❹-6 for文

```
for 変数 in 反復可能オブジェクト
```

`for`文によって、反復可能オブジェクトから1つ1つ順番に要素を参照し、それに対する処理を行うことができました。このように、1つ1つ要素にアクセスできるオブジェクトを反復可能オブジェクトと呼び、そのような性質をイテラブ

KEYWORD
- 反復可能オブジェクト
- イテラブル（iterable）

ル（iterable）といいます。

str型、**tuple**型、**list**型、**dict**型、**set**型はイテラブルです。これらの型のオブジェクトは、**for**文で1つ1つの要素にアクセスできます。文字列の場合は、次のように1文字ずつアクセスできます。

```
>>> for c in 'Python':      ← for文の反復可能オブジェクトに'Python'という文字列を与えています
...     print(c)
...
P
y
t
h
o
n
```
（P〜n：1文字ずつ出力されます）

これまでに見てきたリストやタプル、辞書、セットなども、同じようにして1つ1つの要素にアクセスできます。次は、セットの例です。

```
>>> s = {'A', 'B', 'C', 'D', 'E'}      ← セットを生成しています
>>> for i in s:      ← for文の反復可能オブジェクトにセットを与えています
...     print(i)
...
A
C
B
E
D
```
（A〜D：要素が1つずつ出力されますが、順序は保たれていません）

セットでは、要素の順序が保持されていないことが確認できます。

辞書の場合は、**for**文でキーを取り出すことができます。

```
>>> info = {'firstname':'太郎', 'lastname':'山田', 'address':➡
'茨城県つくば市 99-99'}
... for i in info:      ← for文の反復可能オブジェクトに辞書を与えています
...     print(i)
firstname
lastname
address
```
（firstname〜address：辞書のキーが1つずつ出力されます）

➡は紙面の都合で折り返していることを表します。

基本型を、反復可能（イテラブル）であるかどうかで分類すると、次のようになります。

- 反復可能（イテラブル）…… str型、tuple型、list型、dict型、set型
- 反復可能でない ………………… int型、float型、bool型

ここで反復可能な型に分類されたものは、いずれもin演算子による値の検索、len関数による要素数の取得ができるという共通点があります。

順序を持つオブジェクト

KEYWORD
●シーケンス（sequence）

注❹-18
sequenceは、「順序」を意味する単語です。

list型、tuple型、str型は、要素の順序を保ちます。これらをシーケンス（sequence）型といいます（注❹-18）。すでに、リストやタプルの例で見てきたように、シーケンス型のオブジェクトに対してはインデックスを使用して要素にアクセスできます。

文字列も同様に、インデックスで指定した位置にある文字にアクセスできます。次の例は、インデックスが3の文字（先頭から4文字目）を取得する例です。

```
>>> s = 'Python'
>>> print(s[3])
h       ← 先頭から4番目の文字が取得できたことを確認できます
```

KEYWORD
●スライス式

インデックスを[start:end]のような形で記述して、startから(end-1)までの範囲を指定できます。このような指定方法をスライス式（しき）と呼びます。インデックスがendの要素は含まれないことに注意しましょう。[1:5]とすると、インデックスが1の文字（y）から4の文字（o）までを取り出すことができます。

```
>>> s = 'Python'
>>> print(s[1:5])    ← インデックスが1から4の要素を取得します
ytho
```

順序を持つ型であるリストとタプルでも同じことができます。

```
>>> l = ['A', 'B', 'C', 'D', 'E']    ← リストです
>>> print(l[0:2])    ← インデックスが0と1の要素を取得します
['A', 'B']
>>> t = ('A', 'B', 'C', 'D', 'E')    ← タプルです
>>> print(t[2:5])    ← インデックスが2から4の要素を取得します
('C', 'D', 'E')
```

メモ

インデックスを`[start:end]`のようなスライス式で指定する場合、`start`と`end`の指定を省略することができます。省略した場合は、それぞれ「0」と「要素数」を指定したものと見なされます。たとえば`[3:]`とすると4番目以降の要素を取り出せます。また、`[:3]`とすると、先頭から3つの要素を取り出せます。

基本型を、順序を持つか（シーケンスであるか）どうかで分類すると、次のようになります。

- 順序を持つ ……………… `str`型、`tuple`型、`list`型
- 順序を持たない ……… `int`型、`float`型、`bool`型、`dict`型、`set`型

基本型の性質の一覧表

これまでに説明した、「変更可能」「反復可能」「順序を持つ」という3つの性質についてまとめたものが、表❹-3になります。あるオブジェクトがどのようなメソッドを持つか、どのような演算子、関数、または構文を使用できるかを予想するのに、基本型の性質を知っておくことが役立ちます。

表❹-3　基本型の性質

		変更可能（ミュータブル）	反復可能（イテラブル）	順序を持つ（シーケンス型）
int float bool	数値、真偽値	×	×	×
str	文字列	×	○	○
list	リスト	○	○	○
tuple	タプル	×	○	○
dict	辞書	○	○	×
set	セット	○	○	×

登場した主なキーワード

- **ミュータブル**：値の変更ができることを意味する。
- **イミュータブル**：値の変更ができないことを意味する。
- **イテラブル**：反復可能であることを意味する。
- **シーケンス**：順序が決まっていることを意味する。

まとめ

- 基本型の中には、リストのように、要素の値を変更できるものと、タプルのように、値の変更ができないものがあります。
- イテラブル（反復可能）なオブジェクトは、`for`文を使って1つ1つの要素にアクセスできます。
- シーケンスな（順序の決まっている）オブジェクトは、インデックスによって個々の要素にアクセスできます。

練習問題

4.1 次の文章の空欄に入れるべき語句を答えてください。

- Pythonは［(1)］指向型の言語であり、クラスは［(1)］の属性や機能を定義したものです。
- `'Hello'`や`'Python'`といった文字列は`str`型のオブジェクトですが、別の表現をすると、`str`クラスの［(2)］である、ということができます。
- `str`クラスには、文字列に含まれる文字を小文字に変換する`lower`という［(3)］があります。
- `a == b`という式の値が`True`であったとき、`a`と`b`は［(4)］であるといい、`a is b`という式の値が`True`であったとき、`a`と`b`は［(5)］であるといいます。

4.2 `n`番目の要素の値が`n * n`であるようなリストを、内包表記を使って作成してください。ただし、要素数は`10`とします。

4.3 次の説明文が、リスト、タプル、辞書、セットのいずれに該当するか、答えてください（複数が該当する場合もあります）。

(1) キーと値のペアを格納する
(2) 要素の値の重複が許されない
(3) 要素の値を変更できない
(4) インデックスで要素にアクセスできる

4.4 下記の表は、基本型が、どのような性質を持つかをまとめたものです。空欄に対して、左列に示された型が、上段に示す性質を持つ場合には○を、そうでない場合は×を入れてください。

		変更可能 (ミュータブル)	反復可能 (イテラブル)	順序を持つ (シーケンス型)

`int`
`float`
`bool`
	数値、真偽値			

`str`	文字列			
`list`	リスト			
`tuple`	タプル			
`dict`	辞書			
`set`	セット			

KEYWORD

●`turtle`モジュール

注❹-19

`turtle`は亀を表す英単語です。

注❹-20

ほかにどのようなことができるか、ドキュメントを調べてみましょう。

COLUMN

turtleモジュールを使ったグラフィックス

Pythonには、グラフィックス描画を簡単に行うことができる`turtle`（タートル）(注❹-19)というモジュールが標準で備わっています。たとえば、**`turtle.forward(100)`**というプログラムコードで、画面中央に配置された亀（矢印の先端マーク）に対して「前へ**100**ピクセルだけ進む」という命令を与えることができます。そして、**`turtle.left(90)`**で「左に**90**°だけ進行方向を変える」という命令を与えられます。このような命令で亀を移動させると、亀が進んだ軌跡が画面に表示されるのです (注❹-20)。

List❹-2のような簡単なプログラムコードで、画面❹-1のような図を描くことができます（実際には、アニメーションで少しずつ描画されます）。

List❹-2　turtle_sprial.py

```
import turtle          ←turtleモジュールをインポートします

for i in range(10, 301, 10):    ←iの値を10から300まで10ずつ増やします
    turtle.forward(i)    ←亀をiピクセルだけ前に進めます
    turtle.left(90)      ←左に90°だけ進行方向を変えます

turtle.Screen().exitonclick()    ←マウスクリックで終了します
```

画面❹-1　List❹-2の実行結果

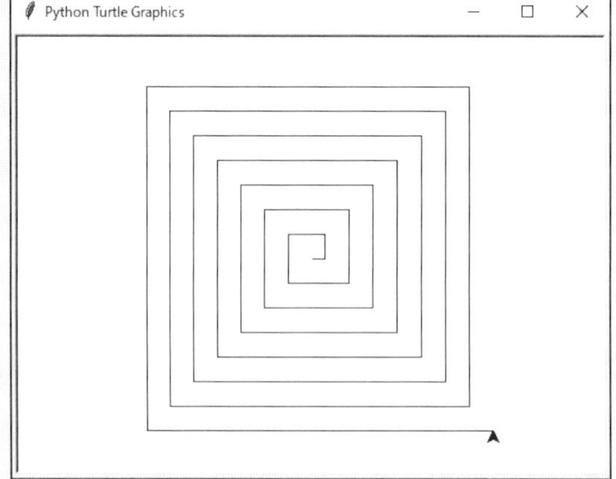

コンソールに数字やアルファベットを出力するだけのプログラムではちょっと味気ないと思ったら、この**`turtle`**モジュールを使って楽しくプログラミングの練習をしてみるとよいでしょう。

第5章　ユーザー定義関数

関数
関数の引数
関数の戻り値
高階関数とラムダ式

Python

この章のテーマ

複数の命令文をまとめて1つの処理とし、それに名前をつけたものを「関数」と呼びます。処理に必要な値を関数に渡したり、処理した結果の値を関数から返してもらうことができます。これまでは、Pythonにはじめから準備されている組み込み関数の扱いを学習しましたが、ここでは、自分で関数を定義し、その関数を使う方法を学びます。

5-1 関数
- 関数とは
- 処理の流れ
- 関数の呼び出しの階層
- 関数と「変数のスコープ」

5-2 関数の引数
- 引数とは
- 引数のある関数
- 引数が複数ある関数
- キーワード引数
- デフォルト引数
- 可変長引数（引数をタプルで受け取る）
- 可変長引数（引数を辞書で受け取る）
- ドキュメントの読み方（引数の読み方）

5-3 関数の戻り値
- 戻り値とは
- 戻り値のある関数
- 真偽値を返す関数
- 複数の値を戻す

5-4 高階関数とラムダ式
- 高階関数
- ラムダ式（lambda式）

5-1 関数

学習のポイント

- ひとまとまりの命令文に対して名前をつけたものを関数と呼びます。
- これまでに、あらかじめ準備された関数の使い方を学びましたが、ここでは自分で関数を定義する方法を学びます。

関数とは

実際のプログラムでは、一度作ったプログラムコードの一部を別のところでも使いたい、ということが頻繁に起きます。その部分をコピーして再利用することもできますが、この方法だと、元のプログラムコードに誤りが見つかったときに、コピーした先も全部修正する必要が生じるため、大変な手間が発生します。

Pythonでは、複数の命令文をまとめたものに名前をつけて、それを関数として管理できます。複数の命令文を関数（かんすう）にまとめておくと、必要なときに**関数を呼び出す**ことで、その命令を実行できるようになります。誤りを修正する場合も、関数の中だけを修正すればよくなります。また、**処理内容ごとに関数にまとめておくと、プログラム全体の見通しがよくなる**という利点もあります。

関数には、Pythonにはじめから準備されている組み込み関数（くこかんすう）と、自分で作成するユーザー定義関数（ていぎかんすう）があります。

これまでに見てきた、`print`関数や`id`関数などは組み込み関数です。本章では、すでにある関数を使うのではなく、自分で**関数を定義する**（注❺-1）方法を学びます。

関数を定義するには、次のような`def`構文を使用します。

KEYWORD
- 関数
- 組み込み関数
- ユーザー定義関数

注❺-1
関数を作成すること（関数をプログラムコードで記述すること）を、「関数を定義する」といいます。

構文❺-1 def文による関数の定義

```
def 関数名():
    処理内容
```

「`def 関数名():`」に続くブロックが関数の処理内容を記述する範囲になります。

関数の名前は自由につけることができますが、慣習としてすべて小文字にします。変数名と同様に、複数の単語を含む名前にするときには、`do_something`のように単語を_でつなげます。

次のプログラムコードは、

```
print('こんにちは')
print('今日はよい天気ですね')
```

という2つの命令を1つにまとめた`say_hello`という名前の関数を定義した例です。

```
def say_hello():  ← say_helloという名前の関数の定義の開始です
    print('こんにちは')           } 関数の処理を記述したブロックです
    print('今日はよい天気ですね')  }
```

このように定義した関数を呼び出すには、プログラムコードに`say_hello()`と記述するだけで済みます。List❺-1は、`say_hello`関数を続けて2回呼び出す例です。

List❺-1　5-01/function_example.py

```
1: def say_hello():  ← say_helloという名前の関数の定義の開始です
2:     print('こんにちは')           } 関数の処理を記述したブロックです
3:     print('今日はよい天気ですね')  }
4:
5: say_hello()  ← 定義したsay_hello関数を呼び出します
6: say_hello()  ← 定義したsay_hello関数を再び呼び出します
```

実行結果

```
こんにちは            } 1回目の関数の呼び出し結果です
今日はよい天気ですね  }
こんにちは            } 2回目の関数の呼び出し結果です
今日はよい天気ですね  }
```

1〜3行目が関数の定義で、プログラムの内容は5行目から始まります。5行目の記述のように、関数の定義をした後では、「**関数名()**」と記述するだけで、その関数をいつでも何度でも呼び出せます。その結果、関数の定義の中に記述された処理が実行されます。後で同じ処理を行う可能性がある場合には、その処理を関数にまとめておくと便利です。

処理の流れ

関数の呼び出しを含む処理の流れを図に示すと、図❺-1のようになります。

図❺-1 関数を呼び出したときの処理の流れ

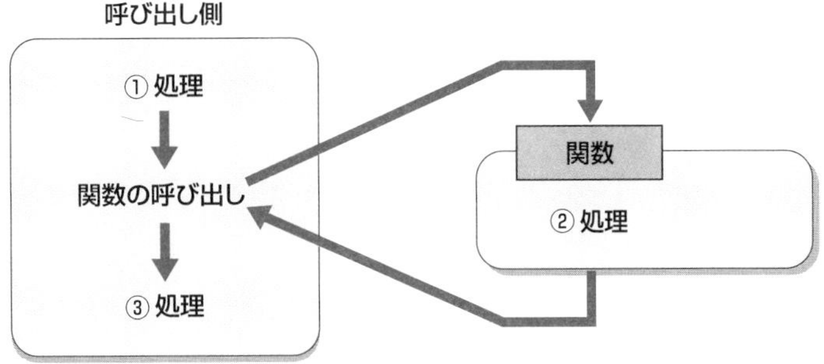

関数の呼び出しが行われるとき、プログラムコードの中の命令文が、どのような順番で実行されるか、List❺-2を例に確認してみましょう。List❺-2は、関数の呼び出しの前後で、確認のメッセージを表示するようにしたものです。

List❺-2 5-02/function_example.py

```
1: def function_a():                              ← 関数function_aの定義です
2:     print('function_aの内部の命令文です')        ← ②関数の中の処理です
3:
4: print('これからfunction_aを呼び出します')         ← ①実際の処理はここから開始します
5: function_a()                                   ← 関数function_aを呼び出します
6: print('function_aの呼び出しが終わりました')       ← ③
```

実行結果

```
これからfunction_aを呼び出します      ← ①による出力です
function_aの内部の命令文です          ← ②による出力です
function_aの呼び出しが終わりました     ← ③による出力です
```

このプログラムでは、はじめの2行で**function_a**という名前の関数を定義しています（注❺-2）。実際のプログラムは4行目の①を入り口として、そこから下に向かって順番に命令文が実行されます（図❺-1の①）。その途中で**function_a**の呼び出しが行われると、処理の流れは関数の中に記述された2行目の処理②に移ります（図❺-1の②）。関数の中の命令文を実行し終えると、再び呼び出し側に戻って6行目の命令文③が実行されます（図❺-1の③）。

このように、途中で関数内の命令に処理が移りますが、全体を見ると処理の流れは途切れることなく命令を1つ1つ実行していることになります。

関数はいくつでも定義できます。List❺-3は、2つの関数を定義した例です。

注❺-2
functionは「関数」を意味します。

List❺-3 5-03/function_example.py

```
def function_a():
    print('function_aの処理です')

def function_b():
    print('function_bの処理です')

function_a()
function_b()
```

関数function_aの定義です

関数function_bの定義です

関数function_aを呼び出します

関数function_bを呼び出します

実行結果

```
function_aの処理です
function_bの処理です
```

関数の定義は、関数の呼び出しの前に行われている必要があります。List❺-4のようなプログラムコードではエラーになります。

List❺-4 5-04/function_example.py

```
def function_a():
    print('function_aの処理です')

function_a()
function_b()

def function_b():
    print('function_bの処理です')
```

この時点ではfunction_bが定義されていないためエラーになります

実行結果

```
function_aの処理です
Traceback (most recent call last):
  File "function_example.py", line 5, in <module>
    function_b()
NameError: name 'function_b' is not defined
```

function_aは実行されています

「function_bが定義されていない」というエラーメッセージです

関数の呼び出しの階層

ある関数からさらに別の関数を呼び出すこともできます。List❺-5では、**function_b**を呼び出し、**function_b**から**function_a**を呼び出しています。

List❺-5 5-05/function_example.py

```
def function_a():
    print('function_aの処理です')
```

関数function_aの定義です

```
def function_b():
    print('function_bの処理開始')
    function_a()
    print('function_bの処理終了')

print('function_bを呼び出します')
function_b()
```

function_bの中でfunction_aを呼び出しています

関数function_bの定義です

実際の処理はここから開始します

実行結果

```
function_bを呼び出します
function_bの処理開始
function_aの処理です
function_bの処理終了
```

function_aの処理が実行されています

List❺-5の処理の流れを図に示すと、図❺-2のようになります。まず、**function_b**に処理が移り（図❺-2の①）、そこから**function_a**に処理が移ります（図❺-2の②）。**function_a**に記述された命令が実行されると、処理は**function_b**に戻り（図❺-2の③）、そこからさらに、元へ戻ってきます（図❺-2の④）。

図❺-2　関数の呼び出しの階層

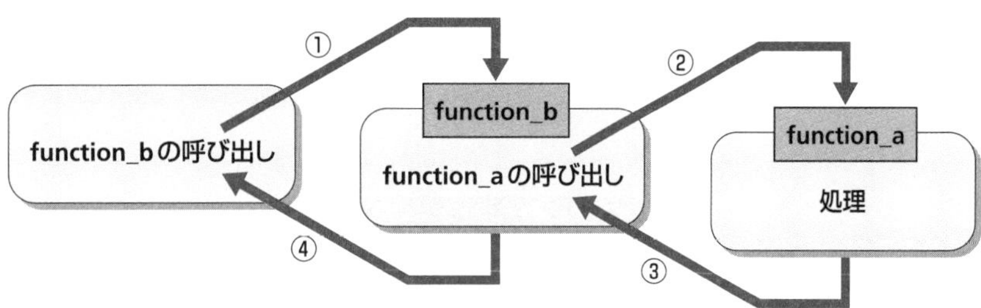

関数と「変数のスコープ」

KEYWORD
●スコープ

変数には、その変数を使用できる範囲（スコープといいます）が決まっています。たとえば、次のように関数**function_a**の中で定義した変数**a**は、この関数の中でしか使用できません。

```
def function_a():
    a = 10
    print(a)

print(a)
```

変数aを関数の中で定義しています

変数aの値を出力します

エラーになります。関数の中で定義された変数を、関数の外で参照できません

KEYWORD
●ローカル変数
●グローバル変数

この変数aのように、関数の中だけで使用できる変数をローカル変数(へんすう)といいます。一方で、関数の外側で定義した変数をグローバル変数(へんすう)といいます。グローバル変数は、次のように関数の中でも参照できます。

```
a = 10  ←関数の外側で定義している、グローバル変数です
def function_a():
    print(a)  ←関数の中で変数aの値を参照できます
```

KEYWORD
●global文

ワン・モア・ステップ！

関数の中でのグローバル変数の扱い

関数の中でグローバル変数に対してできることは、値を参照することだけです。グローバル変数の値を変更したい場合は、次のように、関数の中に「global 変数名」(global文(グローバルぶん)といいます) を記述しておく必要があります。

```
a = 10  ←関数の外側で定義している、グローバル変数です
def function_a():
    global a  ←global文です。グローバル変数aに代入できるようになります
    a = 5  ←グローバル変数aの値を変更できます
```

登場した主なキーワード

- **関数**：複数の命令文に名前をつけて管理したもの。
- **ユーザー定義関数**：自分で新しく作成した関数。
- **スコープ**：変数を使用できる範囲のこと。
- **ローカル変数**：プログラムの一部だけで参照できる変数のこと。
- **グローバル変数**：プログラム全体で参照できる変数のこと。

まとめ

- 複数の命令文のまとまりに名前をつけ、関数として管理できます。
- ひとまとまりの処理を関数にすることで、プログラムコードの管理を効率的に行えます。また、全体の見通しをよくすることができます。
- 関数はいくつでも作ることができ、関数から他の関数を呼び出すこともできます。
- 関数の中で定義した変数は、その関数の中でのみ使用できます。

5-2 関数の引数

学習のポイント

- 関数に対して、処理に必要な値（引数）を渡す方法を学びます。
- 関数には一度に複数の値を渡すこともできます。

引数とは

関数の定義の復習として、List❺-6を見てみましょう。countdownという名前の関数を定義しています。処理内容は、5から0までの値をカウントダウンしながら出力するというものです。関数の定義の後で、8行目でcountdown関数を呼び出しています。

List❺-6 5-06/countdown.py

```
1: def countdown():
2:     print('カウントダウンをします')
3:     counter = 5
4:     while counter >= 0:
5:         print(counter)
6:         counter -= 1
7:
8: countdown()
```

- 1行目：countdownという名前の関数を定義します
- 4～6行目：while文によるループ処理です
- 8行目：countdown関数を呼び出します

実行結果

```
カウントダウンをします
5
4
3
2
1
0
```

- 5～0：5から0までの数を順番に出力しています

このcountdown関数は、カウントダウンの始まりが5に固定されていますが、それを必要に応じて10や3など指定した値に変更することを考えましょう。それには、countdown関数に対して始まりの値を伝える必要があり、また、関数側では指定された値を受け取る必要があります。

KEYWORD
●引数

このような目的を実現するために、関数を呼び出すときに値を渡すことができます。関数に渡される値のことを引数(ひきすう)といいます。その様子を表したものが図❺-3です。

関数のほうに、引数を受け取るための変数を準備しておくと、関数を呼び出す側から、値を渡すことができます。

図❺-3 関数に引数を渡すことができる

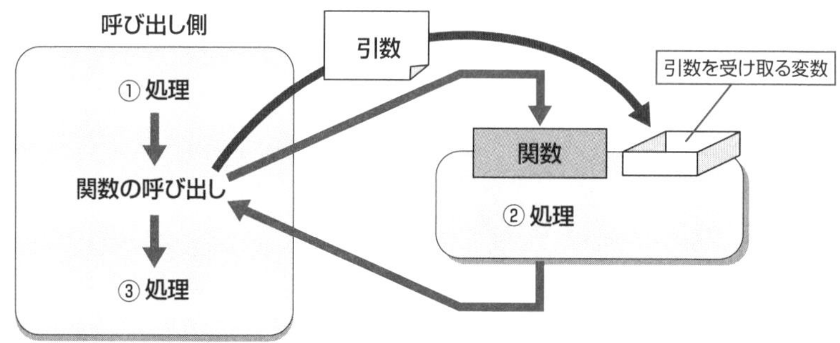

引数のある関数

引数の受け渡しは、関数名の後ろの( )を使って行います。たとえば、**countdown**関数に3という値を渡し、関数は、この値を受け取ってカウントダウンの始まりの値に使用するものとしましょう。この場合、**countdown**関数を呼び出すときに、次のように記述します。

```
countdown(3)
```

一方で、渡された値を受け取るために、**countdown**関数側では次のように記述します。

```
def countdown(start):
    処理内容
```

関数名の後ろの( )の中には**start**と記述されています。これは、渡される値を**start**という名前の変数で受け取ることを意味します。変数名は自由に決められます。

この値をカウントダウンの処理で使用すればよいのです。List❺-7では、引数で渡した値からカウントダウンを行っています。

List❺-7 5-07/countdown.py

```
def countdown(start):
    print('関数が受け取った値:', start)
    print('カウントダウンをします')
    counter = start
    while counter >= 0:
        print(counter)
        counter -= 1

countdown(3)
countdown(10)
```

counterの値をstartの値にします

値3を引数にして関数を呼び出します

値10を引数にして関数を呼び出します

実行結果

```
関数が受け取った値: 3
カウントダウンをします
3
2
1
0
関数が受け取った値: 10
カウントダウンをします
10
9
(中略)
1
0
```

カウントダウンが3から開始しています

カウントダウンが10から開始しています

実行結果から、カウントダウンの始まりの値を引数によって指定できたことを確認できます。

メモ

countdown関数内では、**start**と**counter**の2つの変数を使用しています(変数**start**は、引数の値を受け取るために使用しています)。この2つの変数は、どちらもローカル変数で、参照できるのは**countdown**関数の中だけです。

引数が複数ある関数

関数には、一度に複数の引数を渡すことができます。関数を呼び出す側は、関数名の後ろの **( )** の中に、カンマ（**,**）で区切って、必要なだけ値を並べます。

それに対して、関数側では関数名の後ろの **( )** の中に変数名を、必要なだけカンマ（**,**）で区切って並べます。これを引数列といいます。

KEYWORD
●引数列

List❺-8は、カウントダウンの始まりと終わりの値を変数**start**と**end**で受け取るようにしたものです。つまり、今回の**countdown**関数は2つの値を引数列で受け取るわけです。

List❺-8　5-08/countdown.py

```
def countdown(start, end):
    print('1つ目の引数で受け取った値:', start)
    print('2つ目の引数で受け取った値:', end)
    print('カウントダウンをします')
    counter = start
    while counter >= end:
        print(counter)
        counter -= 1

countdown(7, 3)
```

（6～8行目）counterの値がend以上であるあいだ、処理を繰り返します
（10行目）2つの値を引数にしてcountdown関数を呼び出します

実行結果

```
1つ目の引数で受け取った値: 7
2つ目の引数で受け取った値: 3
カウントダウンをします
7
6
5
4
3
```

（1～2行目）2つの引数を受け取っています
（7～3）7から3までカウントダウンしています

キーワード引数

先ほどの例では、**countdown(7, 3)**のように記述することで、**countdown**関数に**7**と**3**の値を渡すことができました。そして、**countdown**関数はそれぞれの値を**start**と**end**という名前の変数で受け取りました。

次のようにすると、変数の名前を指定して値を渡すことができます。

```
countdown(start=7, end=3)
```

KEYWORD
●キーワード引数

このような引数の指定の仕方をキーワード引数（ひきすう）といいます。

キーワード引数を用いると、関数を呼び出すときに、引数で指定する値の意味が明確になるという利点があります。またさらに、次のように順番を入れ替えても、正しく値を渡すことができます。

```
countdown(end=3, start=7)
```

デフォルト引数

関数を呼び出すときに引数を指定しなかったとしても、あらかじめ決められている値を使用するように関数側で設定できます。たとえば、変数**end**の値が引数で渡されなかったときに、**0**の値を使用するようにするには、関数の宣言を次のようにします。

```
def countdown(start, end=0):
    処理内容
```

KEYWORD
●デフォルト引数
●デフォルト値

このように、引数で値が渡されなかったときに、あらかじめ設定した値が使用されるようにした引数のことをデフォルト引数（ひきすう）といい、その値のことをデフォルト値（ち）といいます。上の例では、デフォルト引数が**end**で、デフォルト値が**0**です。このように宣言された関数は、

```
countdown(10)    ← 2つ目の引数が指定されていません
```

という呼び出し方と

```
countdown(10, 0)    ← 2つの引数を指定しています
```

という呼び出し方の両方ができます。どちらも、引数である**end**に値**0**が設定されます。

メモ

デフォルト引数を持つ関数の定義を行うときには、**デフォルト引数を、そうでない引数よりも引数列の後方に書く必要があります。**

先ほどの例では、

```
def countdown(end=0, start):
```

と書くことはできません。

可変長引数（引数をタプルで受け取る）

KEYWORD
●可変長引数

`print`関数は次のように、いくつでも引数を受け取れます。このように、受け取れる数が固定されていない引数のことを可変長引数（かへんちょうひきすう）といいます。

```
>>> print(2)          ← 引数が1つ
2
>>> print(2, 'abc')          ← 引数が2つ
2 abc
>>> print(2, 'abc', 3, 'def', 4)          ← 引数が5つ
2 'abc' 3 'def' 4
```

このような可変長引数を持つ関数を定義するには、次のようにして引数列内の変数名にアスタリスク（*）をつけます。

構文❺-2　可変長引数を持つ関数の定義

```
def 関数名(*変数名):
    処理内容
```

変数には、引数で渡された値を格納したタプルが代入されます（注❺-3）。

注❺-3
タプルについては、118ページ「タプル」で説明しています。

List❺-9は、可変長引数を持つ関数で、受け取った値（数値）の平均を出力する例です。

List❺-9　5-09/variable_length_argument.py

```
def average(*args):          ← 可変長引数（タプル）をargsという変数で受け取ります
    total = 0
    for a in args:           } argsに格納されている要素1つ1つを取り出し、
        total += a           } 取り出した値をtotalに加算します
```

```
5:     print(total / len(args))  ← 平均を計算して出力します
6:
7: average(70, 85, 100, 90)  ← 4つの値を引数にしています
```

実行結果

```
86.25  ← 引数で渡した4つの値の平均が出力されます
```

7行目では**average**関数に4つの値を渡していますが、引数の個数を変えても問題ありません。関数側で、引数を受け取る変数名は自由に決められますが、今回は引数名を**args**としました（注❺-4）。もちろん、これに限らずに、**values**や**nums**のように自由に変数名を決めてかまいません。

注❺-4
argsはarguments（「引数」を表す英単語argumentの複数形）を短く表記したもので、可変長引数を受け取る変数名として広く用いられています。

メモ

Pythonには、リストやタプルの要素の総和を求める組み込み関数である**sum**関数があります。この**sum**関数を使うと、List❺-9の**average**関数は次のようにシンプルにできます。

```
def average(*args):
    print(sum(args) / len(args))
```

可変長引数（引数を辞書で受け取る）

KEYWORD
●キーワード引数

変数名を指定して関数の引数とする、キーワード引数を150ページで説明しました。関数の定義で、次のように引数列内の変数名にアスタリスクを2つ（**）つけると、キーワード引数を可変長引数にできます。

構文❺-3 可変長キーワード引数を持つ関数の定義

```
def 関数名(**変数名):
    処理内容
```

変数には、引数で渡されたキーワード引数（変数名と値のペア）を格納した辞書が代入されます。

List❺-10は、受け取った引数の内容を出力する例です。

List❺-10 5-10/variable_length_argument.py

```
1: def print_data(**kwargs):
2:     for key, value in kwargs.items():
3:         print(f'キー:{key}, 値:{value}')
4:
5: print_data(item='リンゴ', count=1, price=120)
```

引数名にアスタリスクを2つつけています

引数で渡された内容を出力します

「変数名=値」の形をしたキーワード引数を3つ渡しています

実行結果

```
キー:item, 値:リンゴ
キー:count, 値:1
キー:price, 値:120
```

関数に渡された変数名と値のペアを確認できます

5行目では**print_data**関数に3つのキーワード引数を渡していますが、引数の個数を変えても問題ありません。関数側で、アスタリスクを2つつけた変数**kwargs**には、辞書が代入されます(注❺-5)。2～3行目では**for**文を用いて辞書からキーと値のペアを順番に取り出し、それぞれの値を出力しています。このようにして、どのようなデータが関数に渡されたのかを確認できます。

注❺-5

今回は引数名を**kwargs**としました。**kw**の2文字はkeywordを短く表記したもので、**kwargs**という変数名は可変長引数でキーワード引数を扱うときに広く用いられます。

ドキュメントの読み方(引数の読み方)

2-4節でもドキュメントの読み方について説明を行いましたが、ここでは関数の引数に注目して、改めてドキュメントの読み方について説明します。

関数の使用方法を知るためには、ドキュメントを読んで引数の渡し方について理解することが大切です。しかしながら、Pythonでは、デフォルト引数やキーワード引数などによって複数の異なる呼び出し方が可能な関数が多くあり、引数の表記が複雑な場合があります。

以下に、Python標準ライブラリのドキュメントで使用されている表記についていくつかの例を紹介します。**関数の書式で記号[ ]が使用されている引数は省略できます。**

表❺-1 関数の引数の表記

ドキュメントでの表記例	引数の数	説明
func()	0	引数なし
func(x)	1	引数xが必要
func([x])	0,1	引数xを省略可
func(*x)	0～	可変長引数。カンマ区切りでいくつでも指定できる

ドキュメントでの表記例	引数の数	説明
`func(x, y)`	2	引数xとyが必要
`func(x[, y])`	1,2	引数xが必要。引数yは省略可
`func([x[, y]])`	0,1,2	引数xとyが省略可 (xのみを省略することはできない)(注❺-6)
`func(x, y=1)`	1,2	引数xが必要。引数yは省略可 (yはデフォルト引数)
`func(x=1, y=2)`	0,1,2	引数xと引数yを省略可 (x、yの両方がデフォルト引数)
`func(x, *y)`	1〜	引数xが必要。引数yは可変長引数
`func(x, y, z)`	3	引数xとyとzが必要
`func(x, y[, z])`	2,3	引数xとyが必要。引数zは省略可
`func(x[, y[, z]])`	1,2,3	引数xが必要。引数yとzは省略可 (yのみを省略することはできない)

注❺-6

外部ライブラリのドキュメントによっては、xのみの省略が許容される場合もあるようです。詳しくは、ドキュメントの関数の説明文を読み、内容を理解するようにしましょう。

登場した主なキーワード

- **引数**：関数を呼び出すときに、関数に渡す値のこと。
- **引数列**：引数をカンマ区切りで並べたもの。
- **デフォルト引数**：関数を呼び出すときに、値が指定されなかった場合に値が設定される引数。
- **キーワード引数**：関数を呼び出すときに、「**変数名=値**」の形で渡す引数。
- **可変長引数**：関数を呼び出すときに、必要な数が決まっていない引数。

まとめ

- 関数には、値を渡すことができます。関数に渡す値のことを引数といいます。
- 関数には、さまざまな方法で値を渡すことができます。
- 関数の引数として使用される変数は、その関数内だけで参照できるローカル変数です。

5-3 関数の戻り値

学習のポイント

- 関数で処理を行った結果を、呼び出し側で受け取ることもできます。
- 関数から呼び出し側へ、値を戻す方法を学びます。

戻り値とは

関数には、処理に使用する値を引数として渡すことができました。それとは逆に、関数で処理を行った結果の値を、呼び出し側に戻すこともできます。

関数から戻してもらう値のことを戻り値（もどりち）といいます（注❺-7）。図❺-4は、関数の呼び出し側が、関数から戻り値を受け取るイメージを表したものです。

呼び出し側は、関数からの戻り値を受け取ることによって、計算を行った結果などを知ることができます。

KEYWORD
●戻り値

注❺-7
「戻り値」のことを「返り値（かえりち）」ということもあります。どちらも同じ意味です。

図❺-4 戻り値を返す関数のイメージ

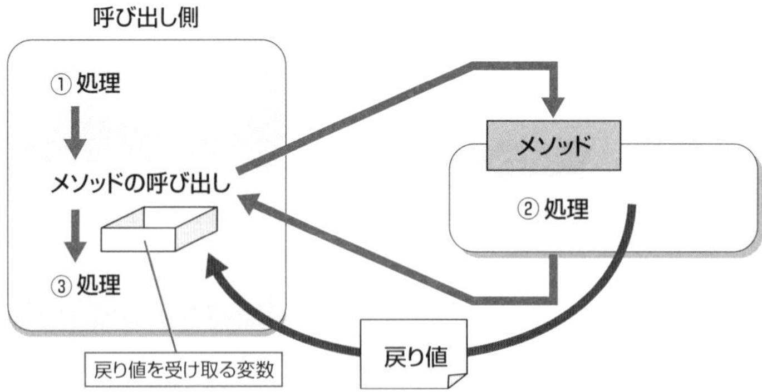

関数から値を戻すには関数内の命令文の末尾に、return（リターン）というキーワードに続けて、戻り値を記述します。

KEYWORD
●return

構文❺-4 return文

```
return 戻り値
```

戻り値のある関数

具体例として、円の面積を計算して、その結果を返す関数を作ってみましょう。円の半径は引数で受け取るものとします。この関数の名前を**circle_area**とすると、次のように定義できます。

```
def circle_area(r):
    return r * r * 3.14
```

半径の値を変数rで受け取ります

円の面積（半径×半径×3.14）を計算した結果を返します

List❺-11は、**circle_area**関数で円の面積を計算した結果を呼び出し側で受け取って出力する例です。

List❺-11　5-11/return_example.py

```
def circle_area(r):
    return r * r * 3.14

a = circle_area(2.5)
print('半径2.5の円の面積は', a)
```

circle_area関数の定義です

circle_area関数の戻り値を変数aに代入します

変数aの値を出力します

実行結果

```
半径2.5の円の面積は 19.625
```

List❺-11では、**circle_area**関数の戻り値をいったん変数**a**に代入していますが、次のようにして関数の戻り値を直接**print**関数に渡すこともできます。

```
print('半径2.5の円の面積は', circle_area(2.5))
```

真偽値を返す関数

ここでは、**bool**型の値（真偽値）を戻り値とする関数の例を見てみましょう。List❺-12の**is_positive**関数（注❺-8）は、引数で受け取った値が正の値であれば**True**を、そうでなければ**False**を戻します。

注❺-8
positiveは「正の値」を意味します。

List❺-12　5-12/return_example.py

```
 1: def is_positive(i):
 2:     if i > 0:
 3:         return True
 4:     else:
 5:         return False
 6:
 7: a = -10;
 8: if is_positive(a) == True:
 9:     print('aの値は正です')
10: else:
11:     print('aの値は負またはゼロです')
```

iの値が0より大きければTrueを、そうでなければFalseを戻します

関数の戻りとTrueを比較しています

実行結果

```
aの値は負またはゼロです
```

List❺-12の2～5行目では、引数で渡された値が正である場合に**True**を、そうでない場合に**False**を戻すために、次のように記述しています。

```
if i > 0:
    return True
else:
    return False
```

29ページで、**式は値を持っている**ということを説明しましたが、それと同じように**if**文で使用される**条件式も値を持ちます**。条件式の値は**bool**型の**True**または**False**のどちらかです。したがって、次のように式そのものを**return**文に記述できます。戻り値は、式の値（**True**または**False**）になります。

```
def is_positive(i):
    return i > 0
```

iの値が**0**より大きければ**True**が、そうでなければ**False**が戻り値になるので、プログラムの動作に違いはありません。

また、List❺-12の8行目では、

```
is_positive(a) == True
```

という条件式を**if**文の条件判定に使用しています。この条件式の値は**is_positive(a)**の戻り値が**True**のときには**True**に、**False**のときには

Falseになるので、次のように書くことができます。

```
if is_positive(a):
```

つまり、List❺-12はList❺-13のように記述してもまったく同じです。どのように書き換わったか見比べてみましょう。

List❺-13 5-13/return_example.py

```
def is_positive(i):
    return i > 0          ← 比較演算の結果を戻り値としています

a = -10;
if is_positive(a):        ← 関数の戻り値を条件式にしています
    print('aの値は正です')
else:
    print('aの値は負またはゼロです')
```

論理式の値が戻り値になる場合や、関数の戻り値が真偽値の場合は、このように短く簡潔に書くようにします。

複数の値を戻す

これまでに見てきたように、**return**文によって、値を呼び出し元に戻すことができました。ただし、関数に記述できる**return**文は1つだけです。複数の値を戻したい場合はどうしたらよいでしょうか。

戻り値は、数値や真偽値だけでなく、どのような型のオブジェクトでもかまわないので、タプルを利用して複数の値を戻すことができます。複数の値をタプルに格納し、それを受け取った側は、タプルの中身の値を参照するようにします。

List❺-14は、2つの値を返す**get_two_numbers**関数の例です。**return (2, 3)**という記述で、値が2つ入ったタプルを返しています

List❺-14 5-14/return_example.py

```
def get_two_numbers():
    return (2, 3)         ← 2つの値を格納したタプルを返します

a, b = get_two_numbers()  ← 関数の戻り値を2つの変数で受け取ります
print(a, b)               ← 変数aとbの値を確認します
```

実行結果

```
2 3
```

関数を呼び出した側は、タプルを戻り値として受け取りますが、120ページで説明したアンパック代入の機能によって、

```
a, b = get_two_numbers()
```

といった書き方で、2つの値をそれぞれ変数**a**、**b**に代入できるのです。

登場した主なキーワード

- **戻り値**：関数から返される値のこと。
- **return**：戻り値のある関数で、戻り値を指定するのに使用するキーワード。

まとめ

- 関数には、戻り値を設定することができます。
- 複数の値を戻り値にしたい場合は、タプルを使用します。

5-4 高階関数とラムダ式

学習のポイント

- 関数もオブジェクトです。
- 関数を関数の引数にする方法を学びます。
- 関数をシンプルに記述できるラムダ式というものを学びます。

高階関数

Pythonでは、あらゆるものをオブジェクトとして扱えるようになっています。これまでにオブジェクトの例として見てきた数値、文字列、辞書などと同様に、関数もオブジェクトです。List❺-15のようにして、ユーザー定義関数は**function**型のオブジェクトであることを確認できます。

List❺-15　5-15/function_test.py

```
def do_nothing():        ← do_nothing関数を宣言します
    pass                 ← passは、何もしない命令文です

print(type(do_nothing))  ← do_nothing関数の型を確認します
```

実行結果

```
<class 'function'>  ← do_nothingはfunction型のオブジェクトであることを確認できます
```

メモ

pass(パス)は何もしないという命令文です。関数の処理内容を記述するブロックをからっぽにはできないので、とりあえず何もしない関数を作りたいときに使用します。

KEYWORD
●pass

関数を他のオブジェクトと同じように扱うことができるため、**関数を別の関数の引数にすることができます**。関数を引数として受け取る関数のことを高階関(こうかいかん)

KEYWORD
●高階関数

数と呼びます。List❺-16は、高階関数を使用する例です。

List❺-16 5-16/higher_order_function.py

```
 1: def print_price(price, func):
 2:     print('価格は' + func(price))
 3:
 4: def price_without_tax(price):
 5:     return f'税抜き{price}円'
 6:
 7: def price_with_tax(price):
 8:     return f'税込み{int(price*1.1)}円'
 9:
10: print_price(800, price_without_tax)
11: print_price(800, price_with_tax)
```

- 1行目：2つ目の引数で関数を受け取ります
- 2行目：受け取った関数を呼び出しています
- 10行目：print_price関数の2番目の引数に、price_without_tax関数を渡しています
- 11行目：print_price関数の2番目の引数に、price_with_tax関数を渡しています

実行結果

```
価格は税抜き800円
価格は税込み880円
```

- 1行目：price_without_tax関数が呼び出されています
- 2行目：price_with_tax関数が呼び出されています

4～5行目で定義されている**price_without_tax**関数は、引数**price**で渡される値に対して、'税抜き○○円'という形の文字列を返します。7～8行目で定義されている**price_with_tax**関数は、引数**price**で渡される値に対して、10%の税を含めた'税込み○○円'という形の文字列を返します。

1～2行目で定義されている**print_price**関数は、値と関数を受け取る高階関数です。**price**という値を、第2引数で受け取った関数（**func**）に渡し、その戻り値を使って価格の情報を出力します。引数で渡される関数によって、結果が異なったものになります。

10行目では、**print_price**関数に**800**という値と**price_without_tax**関数を渡しています。その結果、税抜き価格が出力されます。11行目では、**800**という値と**price_with_tax**関数を渡しています。その結果、税込みの価格が出力されます。

このように、引数で渡す関数によって、どのような処理を行うかを切り替えることができるようになります。

ラムダ式（lambda式）

KEYWORD
- ラムダ式
- lambda式

実際のプログラムで高階関数に渡す関数は、List❺-16で見たように、処理の内容が1行で書けてしまうシンプルな場合が多くあります。このような場合、わざわざ関数の定義をしないで、処理の内容をラムダ式（**lambda**式）と呼ば

れる簡潔な記述で済ますことができます。ラムダ式は、次の形式をしたシンプルなもので、関数を定義するより手短に済むという利点があります。

構文❺-5 ラムダ式

```
lambda 引数列: 戻り値
```

List❺-16のprice_without_tax関数は、次のように定義されていました。

```
def price_without_tax(price):
    return f'税抜き{price}円'
```

引数が「price」で、戻り値が「f'税抜き{price}円'」なので、これを次のようなラムダ式で表すことができます。

```
lambda price: f'税抜き{price}円'
```

このラムダ式の型はfunction型であることを次のようにして確認できます。

```
>>> type(lambda price: f'税抜き{price}円')
<class 'function'>
```

ラムダ式は、引数と戻り値だけ書いて済ましてしまう、関数の定義の簡略版とみなすことができます。

List❺-16の10行目では、

```
print_price(800, price_without_tax)
```

として関数名を2番目の引数にしていましたが、関数名の代わりに、上記のラムダ式を渡すことができます。

```
print_price(800, lambda price: f'税抜き{price}円')
```

このようにして、関数を定義する手間を省くことができました(注❺-9)。

同様に、List❺-16の、price_with_tax関数の処理は、ラムダ式にすると次のようになります。

注❺-9
関数を定義するときに必要だった「関数名を決める」という工程が不要になります。

```
lambda price: f'税込み{int(price*1.1)}円'
```

ラムダ式を使うと、List❺-16全体をList❺-17のように書き直すことができます。どのように書き換わったか見比べてみましょう。

List❺-17 5-17/lambda_example.py

```
def print_price(price, func):          ←2つ目の引数で関数を受け取ります
    print('価格は' + func(price))      ←受け取った関数を呼び出しています

print_price(800, lambda price: f'税抜き{price}円')
print_price(800, lambda price: f'税込み{int(price*1.1)}円')
```

実行結果

```
価格は税抜き800円
価格は税込み880円
```

関数定義がなくなって、短いプログラムコードで済ませることができました。

登場した主なキーワード

- **高階関数**：関数を引数として受け取る関数のこと。
- **pass**：何も処理をしないことを意味する命令文。
- **ラムダ式（lambda式）**：関数を「**lambda 引数: 戻り値**」の形式で簡潔に記述したもの。

まとめ

- 関数もオブジェクトなので、関数を関数の引数にすることができます。
- 関数を引数として受け取る関数を高階関数といいます。
- ラムダ式によって、関数の定義を簡潔に記述できます。

練習問題

5.1 次の文章の空欄に入れるべき語句を、選択肢a～fから選び、記号で答えてください。

- 関数を呼び出すときに関数に渡す値のことを[(1)]といい、関数から戻される値のことを[(2)]という。
- 関数に複数の値を渡すために、[(1)]をカンマ区切りで並べたものを[(3)]と呼ぶ。
- [(1)]のうち、変数の名前を指定したものを[(4)]、値が渡されなかった場合に設定されるデフォルト値が決まっているものを[(5)]、個数が決まっていないものを[(6)]という。

【選択肢】

(a) 戻り値　(b) 可変長引数　(c) 引数　(d) キーワード引数
(e) デフォルト引数　(f) 引数列

5.2 次のようなfunc関数が定義されています。

```
def func(a, b = 5):
    print(a, b)
```

次のうち、func関数を正しく呼び出せるものを選んでください。

(1) `func()`
(2) `func(5)`
(3) `func(5, 10)`
(4) `func(a = 5)`
(5) `func(b = 10)`
(6) `func(5, b = 10)`
(7) `func(b = 10, a = 5)`

5.3 (1) ～ (5) の各問いの条件に合う関数を作成してください。また、プログラムコードには、その関数を呼び出す命令文を含めてください。関数に戻り値がある場合は、受け取った戻り値を出力するようにしてください。引数の値は自由に決めてかまいません。

例題

関数名： get_triangle_area

引数列： base, height

処理の内容： 底辺の長さがbase、高さがheightで表される三角形の面積を返す

解答例

```
def get_triangle_area(base, height):
    return base * height / 2

print(get_triangle_area(10.0, 3.0))
```

(1)

関数名： print_hello

引数列： count

処理の内容： 引数で渡されたcountの回数だけ、Helloという文字列を出力する。

※引数の値が3の場合はHelloという文字列を3回出力するようにする。

(2)

関数名： get_rectangle_area

引数列： width, height

処理の内容： 引数で渡された幅 (width) と高さ (height) の値を持つ長方形の面積を返す。

(3)

関数名： get_message

引数列： name

処理の内容： 'こんにちは○○さん'という文字列を返す。○○には引数で渡されたnameの値を入れる。引数が指定されなかった場合は、'名無し'という文字列をnameのデフォルト値とする。

(4)

関数名：　get_absolute_value

引数列：　value

処理の内容：引数で渡されたvalueの値の絶対値を返す。

※5.2の絶対値は5.2、-3.3の絶対値は3.3。

(5)

関数名：　get_tail

引数列：　*args

処理の内容：可変長引数で渡された複数の引数の中で、末尾の引数の値を返す。

※get_tail(3, 5, 9, 2)とすると、値2が返されるようにする。

COLUMN

競技プログラミング

プログラミング学習のモチベーションを維持するためのポイントは、学習した内容を活かせる場所を見つけることです。そのためには、ほどよい難易度で気軽に挑戦できる課題設定が大切です。本書では、章末の練習問題や、第7章の応用例、138ページの**turtle**モジュールの紹介などで具体例を示し、プログラミングの楽しさを感じてもらえるよう心がけましたが、それでも、まだまだ物足りないと感じるかもしれません。一方で、なにか役立つソフトウェアや、楽しくプレイできるゲームを作ることは、少しハードルが高いと感じられることでしょう。

そんなときにお勧めしたいのが、プログラミングをスポーツ競技のように楽しめる、「競技プログラミング」です。国内最大規模の競技プログラミングサイト、AtCoder（**https://atcoder.jp/**）で開催されるコンテストが広く知られていて、執筆時現在8万近くのアクティブユーザー（注❺-10）がいます。AtCoderでは、定期的に（または不定期に）開催されるコンテストに参加することで、プログラミングの技術を楽しく高めることができます。

注❺-10
過去2年以内にコンテストに参加したユーザー。

一般的なコンテストでは、難易度別の問題が複数出題され、それを制限時間内にできるだけたくさん解くことを目指します。Webフォームにプログラムコードを記述して送信すると、それが正しく動作し、適切な答えを出力するかチェックされます。プログラミング言語には、もちろんPythonを選ぶことができます。初級者向けコンテスト（AtCoder Beginner Contest）の最初の1、2問であれば、初心者でも十分に挑戦できます。過去の問題を解いてみたり、正答者のコードを見たりできるので、プログラミングの学習には最適です。

問題の多くは、半角スペースで区切られた数字の列を標準入力から読み取ることが前提になっています。その方法については、本書で触れていませんので、ここで紹介しておきます。たとえば

```
23 8 125
```

というようにして標準入力から与えられる複数の数字を、それぞれ**int**型の変数で受け取るには、次のようにするとよいでしょう（注❺-11）。

```
a, b, c = map(int, input().split())
```

注❺-11
map関数は、第2引数で渡されたリスト（イテラブルなオブジェクト）の各要素を1つずつ、第1引数で渡された関数に渡し、その結果を返します。

第6章　クラスの基本

新しいクラスを作る
メソッドの定義
継承

Python

この章のテーマ

これまでにstrクラス、listクラスなど、Pythonにあらかじめ準備されているクラスを扱ってきました。

本章では、自分で新しいクラスを定義する方法を学びます。クラスを定義することで、さまざまな情報や機能を持ったオブジェクトを作れるようになります。

6-1　新しいクラスを作る

- クラスとは
- 中身のないクラス
- 初期化メソッドだけを持つクラス
- インスタンス変数を持つクラス
- 初期化メソッドの引数
- クラス変数

6-2　メソッドの定義

- メソッドとは
- クラスメソッド
- オリジナルのクラスをモジュールとして利用する

6-3　継承

- 継承とは
- 継承を行う
- インスタンス変数とメソッドの継承
- メソッドのオーバーライド
- superでスーパークラスのメソッドを呼び出す

6-1 新しいクラスを作る

学習のポイント

- クラスを自分で定義することができます。
- クラスの定義の仕方を学習します。
- 情報（インスタンス変数）だけを持つ簡単なクラスを作成します。

クラスとは

4-1節では、クラスとインスタンスの関係について学習しました。しっかり理解できている自信がない場合は、この先を読む前に、もう一度4-1節の内容を復習しましょう。

KEYWORD
- クラス
- インスタンス

クラスとは、インスタンス（オブジェクト）の種類を表すものでした。**str**クラスや、**list**クラスなど、これまでに学習してきたクラスはすべてPythonにあらかじめ用意されているクラスなので、プログラムの中でいつでも使用できます。その一方で、必要に応じて新しいクラスを自分で作ることができます。

新しいクラスを作ることで、新しい種類のオブジェクトを作れるようになります。

新しいクラスを作るためのプログラムコードを書くことを、「**クラスを定義する**」といいます。本章では、自分でクラスを定義する方法を学びます。

KEYWORD
- インスタンス変数
- メソッド
- 属性（アトリビュート）

オブジェクトの性質を表すものとして、オブジェクトがどのような情報を持つのか（インスタンス変数（へんすう）と呼ばれる変数に情報を持たせます）、オブジェクトがどのような機能を持つのか（メソッドと呼ばれるものに処理の内容を定義します）といったものがあります。これらをまとめて、オブジェクトの属性（そくせい）（アトリビュート）といいます。

はじめに、インスタンス変数だけを持つクラスの定義について学習しましょう。メソッドを持つクラスについては次節で学習します。

新しいクラスを定義することで、学生の「学籍番号と氏名」や、書籍の「タイトルと著者名と出版年」、またはグラフ上の「x座標とy座標」のように、常にセットで扱う複数の情報をひとまとまりにして、それらをオブジェクトに持たせられるようになります。これだけだと、リストや辞書を使うのとあまり変わりがありませんが、次節で学習するように、さらに機能（メソッド）を持たせられるようにできるのが異なる点です。

中身のないクラス

新しいクラスを定義するには、構文❻-1のように、`class`キーワードを使用します。

構文❻-1 クラスの定義

```
class クラス名:
    初期化メソッドなどの定義
```

クラス名は慣習として先頭の文字を大文字にします。複数の単語から構成される名前をつけるときは、たとえば`MySimpleClass`のように各単語の先頭の文字を大文字にします（注❻-1）。構文❻-1の「初期化メソッドなどの定義」の部分は、後ほど説明します。

それでは、これから`StudentCard`（学生証）という名前のクラスを定義し、`StudentCard`クラスのインスタンスで、個々の学生の学籍番号（`id`）と氏名（`name`）の情報を管理するものとしましょう（注❻-2）。1つのインスタンスが1枚の学生証に対応します。図❻-1のように、それぞれの学生証に学籍番号と氏名が記載されている様子を想像してください。

注❻-1
このような表記方法をキャメルケースと呼びます。キャメルとはラクダのことで、大文字を背中のコブに見立てています。

注❻-2
学籍番号（`id`）は、97ページ「インスタンス（オブジェクト）の管理とID番号」で説明した`id`関数で得られる値とは、関係ありません。

図❻-1 `StudentCard`クラスのインスタンスのイメージ

StudentCardクラスのインスタンス

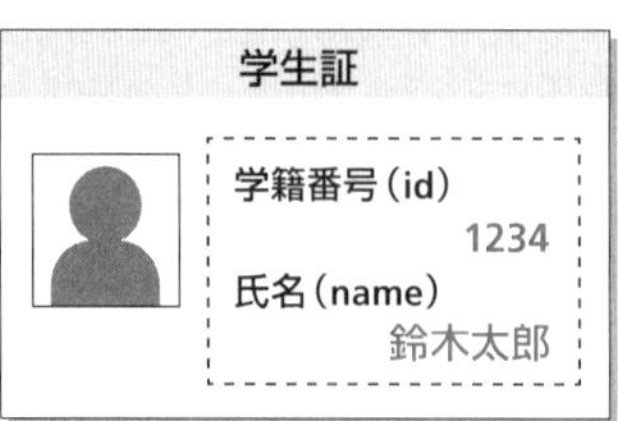

StudentCardクラスのインスタンス

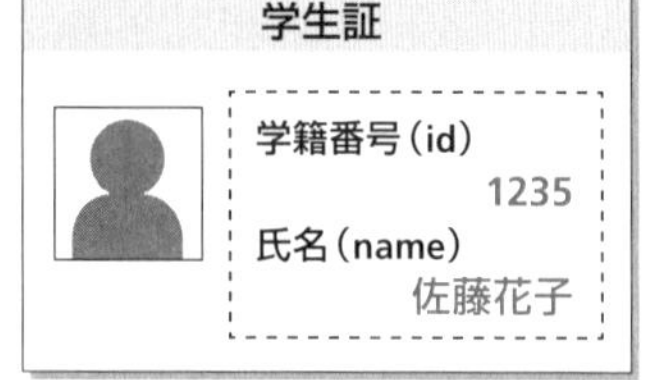

これ以降では、中身がからっぽのクラスから始めて、少しずつクラスの定義を完成させていきます。

次の2行は、`StudentCard`という名前の、中身がないクラスを定義した例です。

```
class StudentCard:
    pass
```

（class StudentCard: ← クラス名を記述します）
（pass ← 中身が何もないことを示すキーワードです）

これだけの記述で新しいクラスを定義できました。

この2行に続いて、

```
a = StudentCard()
```

と記述すると、**StudentCard**クラスのインスタンスが生成され、変数**a**に代入されます。

中身がからっぽなので、何もできませんが、

```
print(type(a))
```

と記述することで、変数**a**の型を確認できます。

次のプログラムコード（List❻-1）で、上記の内容を実行できます。

List❻-1 6-01/student_card.py

```
1: class StudentCard:
2:     pass
3:
4: a = StudentCard()
5: print(type(a))
```

（1〜2行目 ← StudentCardクラスの定義です）
（4行目 ← StudentCardクラスのインスタンスを生成して変数aに代入します）
（5行目 ← 変数aの型を確認します）

実行結果

```
<class '__main__.StudentCard'>
```

1、2行目がクラスの定義で、プログラムの処理は4行目から始まります。実行結果から、変数**a**に代入されているオブジェクトは、**StudentCard**クラスのインスタンスであることがわかります（注❻-3）。図❻-2のように、何も情報のない学生証が1つ発行された様子を想像するとよいでしょう。

注❻-3
出力された文字列に含まれる**__main__**は、クラスの定義が記述されたファイル（student_card.py）を実行したときに、自動で付加されるものです。

図❻-2 インスタンスが生成されるイメージ

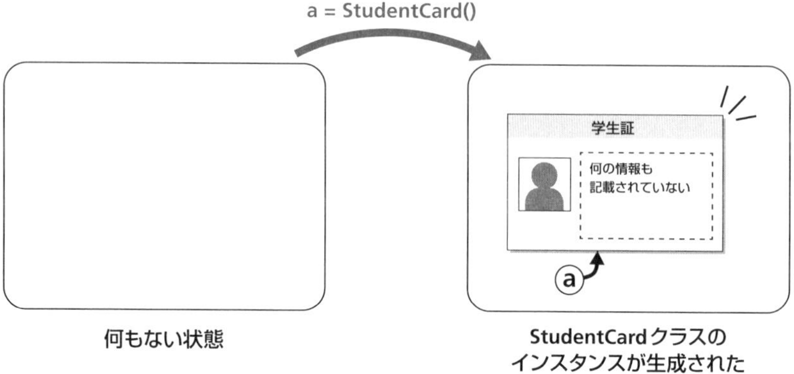

初期化メソッドだけを持つクラス

KEYWORD
- 初期化メソッド
- コンストラクタ

続いて、**StudentCard**クラスに、初期化メソッドを追加してみましょう。初期化メソッドはインスタンスが生成されたときに自動で呼び出される処理の集まりで、第5章で学習した関数のようなものです。初期化メソッドのことをコンストラクタと呼ぶこともあります。

初期化メソッドは、クラスを定義するブロックの中に、次のように記述します。

構文❻-2 初期化メソッドの定義

```
def __init__(self):
    処理内容
```

List❻-2は、初期化メソッドを持つ**StudentCard**クラスの定義と、そのインスタンスを生成する例です。

List❻-2 6-02/student_card.py

```
class StudentCard:
    def __init__(self):
        print('初期化メソッド内の処理です')

a = StudentCard()
b = StudentCard()
```

- 2〜3行目：初期化メソッドです
- `a = StudentCard()`：StudentCardのインスタンスを生成して変数aに代入します
- `b = StudentCard()`：StudentCardのインスタンスを生成して変数bに代入します

実行結果

```
初期化メソッド内の処理です
初期化メソッド内の処理です
```

- 初期化メソッドが呼び出されたことを確認できます
- 初期化メソッドが呼び出されたことを確認できます

インスタンスの生成が行われるときに、初期化メソッドが実行されます。List❻-2の例では、インスタンスの生成を2回行ったので、それぞれのときに初期化メソッドが実行され、結果として「初期化メソッド内の処理です」という文字列が2回出力されています。

まだ**StudentCard**クラスには、情報を格納する仕組みがないので、図❻-3のように、何の情報も記載されていない学生証が2つ発行された様子（それぞれが変数**a**と**b**に代入された様子）をイメージしてください。ここでは、インスタンスを2つしか生成していませんが、クラスを定義した後には、インスタンスをいくつでも生成できます。

図❻-3　2つのインスタンスが生成されるイメージ

StudentCardクラスのインスタンス

StudentCardクラスのインスタンス

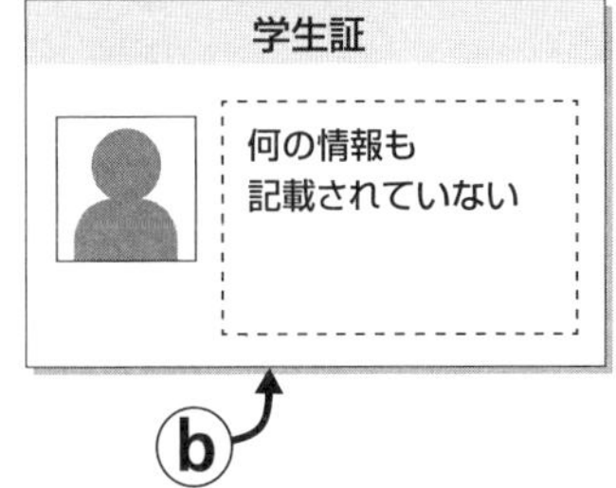

インスタンス変数を持つクラス

KEYWORD
●インスタンス変数

インスタンスには、インスタンス変数（へんすう）を使って、それぞれに異なる値（情報）を持たせることができます。インスタンス変数は、初期化メソッドの中に

```
self.変数名 = 値
```

と記述することで追加できます。

たとえば、初期化メソッドの中に

```
self.id = 0
```

と記述すると、各インスタンスが変数**id**（注❻-4）（学籍番号）を持つようになります。また、その値は**0**に設定されます。

同様に、

注❻-4
変数名は自由に決められます。**gakuseki_bangou**でもかまいません。この変数**id**は、97ページで学習した**id**関数とは関係ありません。

```
self.name = '未定'
```

と記述すると、各インスタンスが変数**name**（氏名）を持つようになります。また、その値は**'未定'**に設定されます。

List❻-3は、**StudentCard**クラスの定義に、インスタンス変数**id**と**name**を追加した例です。

List❻-3 6-03/student_card.py

```
class StudentCard:
    def __init__(self):
        print('初期化メソッド内の処理です')
        self.id = 0
        self.name = '未定'

a = StudentCard()
b = StudentCard()
print(f'a.id:{a.id}, a.name:{a.name}')
print(f'b.id:{b.id}, b.name:{b.name}')
```

- self.id = 0 ← インスタンス変数idを追加し、値を0に設定します
- self.name = '未定' ← インスタンス変数nameを追加し、値を'未定'に設定します
- print(f'a.id:…') ← 変数aのインスタンス変数の値を確認します
- print(f'b.id:…') ← 変数bのインスタンス変数の値を確認します

実行結果

```
初期化メソッド内の処理です
初期化メソッド内の処理です
a.id:0, a.name:未定
b.id:0, b.name:未定
```

- 初期化メソッド内の処理です ← インスタンスを生成しています
- 初期化メソッド内の処理です ← インスタンスを生成しています
- a.id:0, a.name:未定 ← aのインスタンス変数を確認できます
- b.id:0, b.name:未定 ← bのインスタンス変数を確認できます

インスタンスには、**id**と**name**という名前の2つのインスタンス変数が追加されました（注❻-5）。それぞれの値は、初期化メソッドで**0**と**'未定'**に設定されています。

注❻-5
インスタンス変数名は自由に決められますが、慣習として小文字を使用します。

インスタンス変数の値を参照するときには、**a.id**のように、

インスタンスを代入した変数名＋ドット（.）＋インスタンス変数の名前

という形で記述します。

メモ

ドット（.）を日本語の「の」に置き換えてプログラムコードを読むとわかりやすいでしょう。**a.id**は、「aの**id**」であると理解できます。

図❻-4は、List❻-3を実行したときのイメージです。学生証には、学籍番号

(**id**) と氏名 (**name**) の情報が記載されるようになりました。ただ、それらの値は**id**が**0**、**name**が**'未定'**となっています。

図❻-4 List❻-3を実行したときのイメージ

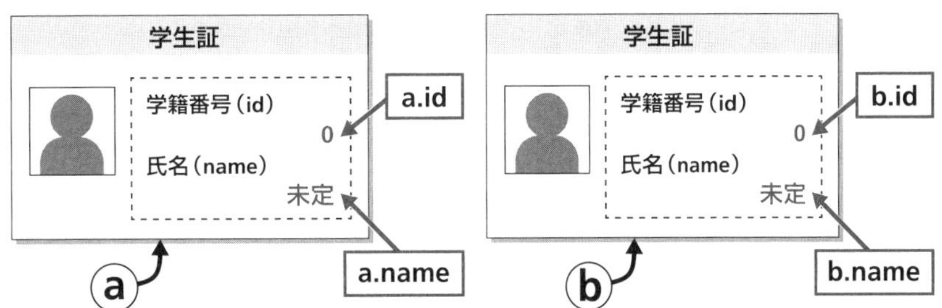

インスタンス変数の値を参照するときには、「**a.id**」「**a.name**」のように記述しました。「**a.id = 1234**」「**a.name='鈴木太郎'**」のように記述することで、インスタンス変数に値を代入できます。

List❻-4は、インスタンスを生成した後に、インスタンス変数の値を変更する例です。

List❻-4 6-04/student_card.py

```
class StudentCard:
    def __init__(self):
        print('初期化メソッド内の処理です')
        self.id = 0
        self.name = '未定'

a = StudentCard()
b = StudentCard()

a.id = 1234
a.name = '鈴木太郎'
b.id = 1235
b.name = '佐藤花子'
print(f'a.id:{a.id}, a.name:{a.name}')
print(f'b.id:{b.id}, b.name:{b.name}')
```

(10～13行目)インスタンス変数の値を変更しています

(14～15行目)確認のためにインスタンス変数の値を出力します

実行結果

```
初期化メソッド内の処理です
初期化メソッド内の処理です
a.id:1234, a.name:鈴木太郎
b.id:1235, b.name:佐藤花子
```

(最後の2行)インスタンス変数の値が変更されたことを確認できます

実行結果から、インスタンス変数の値が変更されたことを確認できます。こ

のように、それぞれのインスタンスが異なる情報（インスタンス変数の値）を持つことができるのです。

図❻-5はList❻-4で、インスタンス変数の値を変更した様子を表したものです。それぞれのインスタンスが、異なる情報を持てるようになりました。

図❻-5 インスタンス変数の値を変更したときのイメージ

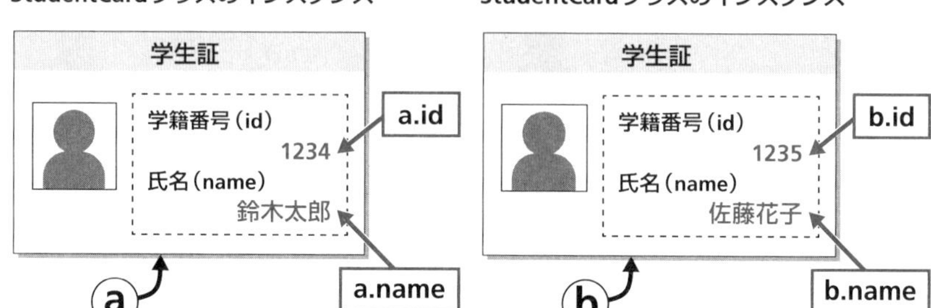

初期化メソッドの引数

先ほどの例では、インスタンスを生成してからインスタンス変数を変更しました。初期化メソッドで、それぞれの値を設定してしまえば、後から変更する手間をなくせます。初期化メソッドには、第5章で学習した関数と同じように、引数で値を渡すことができます。

たとえば、

```
def __init__(self, a, b):
```

とすると、2つの引数を`a`と`b`という変数で受け取れます。第1引数の`self`は、これまでの例で`self.id = 0`としてきたように、インスタンス自身が渡されることが決まっています。初期化メソッドに値を渡す場合には、第2引数以降を使います。

`StudentCard`クラスの初期化メソッドを次のようにすると、`id`と`name`という2つの値を受け取って、インスタンス変数の値に設定できます。

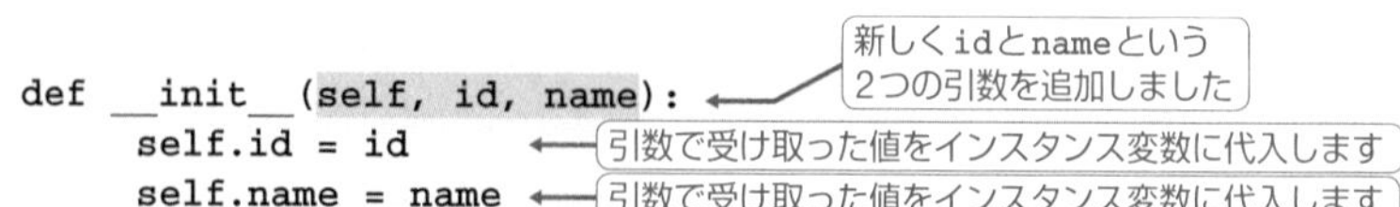

```
def __init__(self, id, name):
    self.id = id
    self.name = name
```

インスタンスを生成するときには、次のようにして、2つの引数を渡します。

```
a = StudentCard(1234, '鈴木太郎')
b = StudentCard(1245, '佐藤花子')
```

List❻-5は、初期化メソッドで引数を受け取るようにした例です。

List❻-5 6-05/student_card.py

```
class StudentCard:
    def __init__(self, id, name):
        self.id = id
        self.name = name

a = StudentCard(1234, '鈴木太郎')
b = StudentCard(1245, '佐藤花子')

print(f'a.id:{a.id}, a.name:{a.name}')
print(f'b.id:{b.id}, b.name:{b.name}')
```

インスタンスを生成するときに、2つの値を引数にしています

確認のためにインスタンス変数の値を出力します

実行結果

```
a.id:1234, a.name:鈴木太郎
b.id:1235, b.name:佐藤花子
```

インスタンス変数の値が設定されていることを確認できます

初期化メソッドに引数を渡すことで、インスタンスを生成するときにインスタンス変数を設定できるようになりました。

メモ

初期化メソッドの引数に使用する変数名は、関数のときと同じように自由に決められます。**リスト❻-5**の初期化メソッドを、次のように書いても違いはありません。

```
def __init__(a, b, c):
    a.id = b
    a.name = c
```

しかしながら、慣習として最初の引数は**self**にし、それ以降の引数でインスタンス変数の値に設定するものについては、インスタンス変数と同じ名前にします。

クラス変数

インスタンス変数とは、生成されたインスタンスがそれぞれの値を格納するために使用する変数でした。

クラスには、もう1種類、異なるタイプの変数を定義できます。それは「クラスが持つ変数」といえるもので、クラス変数(へんすう)といいます。**クラス変数は、1つのクラスに対して1つの値を格納します**。そして、クラス変数は、主にそのクラスに関する情報や、そのクラスから生成されたインスタンス全部にかかわる情報、あるいはインスタンスの間で共有したい情報を扱うために使われます。また、**インスタンスを生成しなくても使用できる**、という特徴もあります。

KEYWORD
●クラス変数

クラス変数の使われ方をイメージするのは、具体例を見ないと難しいかもしれません。ここではクラス変数を使う例として、`StudentCard`クラスに`school_name`（学校名）という名前のクラス変数を追加してみます（注❻-6）。クラス変数は、`class`ブロックの中に「**変数名 = 値**」と記述するだけで済みます。

注❻-6
学校名はすべてのインスタンスで共通なので、クラス変数にするわけです。

```
class StudentCard:
    school_name = 'Python 大学'    ← クラス変数です
    (後略)
```

このクラス変数を参照するときには、

```
StudentCard.school_name
```

のように、クラス名にドット（`.`）をつけます。図❻-6は、`StudentCard`クラスに、クラス変数`school_name`を追加したときのイメージです。

図❻-6 クラス変数とインスタンス変数の違い

クラスの定義

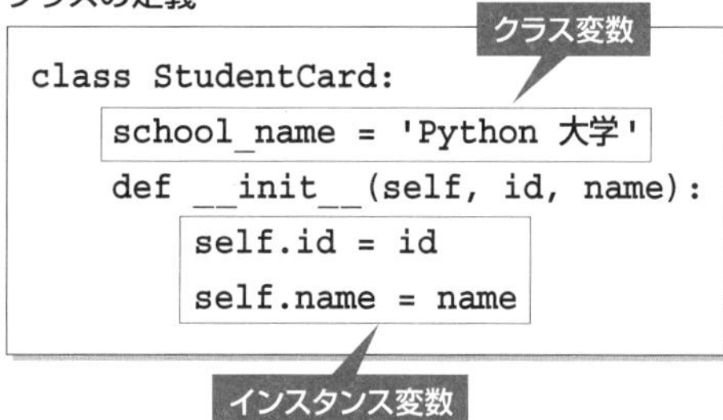

- クラス変数は、インスタンスの有無にかかわらず存在する
- インスタンス変数は、個々のインスタンスが所有する

クラス変数

StudentCard.school_name = 'Python 大学'

インスタンス

id = 1234
name = '鈴木太郎'

インスタンス

id = 1235
name = '佐藤花子'

インスタンス変数は個々のインスタンスが所有していますが、クラス変数はインスタンスの有無にかかわらず、全体で1つだけ存在します。

List❻-6は、StudentCardクラスにクラス変数を追加した例です。

List❻-6 6-06/student_card.py

```
class StudentCard:
    school_name = 'Python 大学'   ← クラス変数です
    def __init__(self, id, name):
        self.id = id
        self.name = name

print(StudentCard.school_name)   ← クラス変数を参照しています
```

実行結果

```
Python 大学   ← クラス変数の値が出力されました
```

List❻-6では、StudentCard.school_nameという記述でクラス変数を参照しています。クラス変数はクラスが持つ変数なので、インスタンスを生成しなくても参照できるのです。

注❻-7
変数名をすべて大文字にしても、変更しようと思えば変更できてしまいます。その点では、変数名が小文字でも大文字でも違いはありません。プログラムコードを読むときに、読み取り専用の用途で作られた変数であるという、(プログラムコードの) 作者の意図を理解するのに役立ちます。

メモ

クラス変数は、値を変更せずに、読み取り専用の用途で使用することが多いです。読み取り専用で使用する場合には、値が変化しない定数であることがわかるように、変数名を**SCHOOL_NAME**のようにすべて大文字で表すようにします(注❻-7)。

登場した主なキーワード

- **インスタンス変数**：インスタンスごとに異なる値を格納できる変数。
- **初期化メソッド**：インスタンスが生成されるときに実行される処理をまとめたもの。コンストラクタと呼ぶこともあります。
- **クラス変数**：クラスが持つ変数。インスタンスを生成しなくても参照できます。

まとめ

- 自分で新しいクラスを定義できます。
- インスタンス変数を使うことで、インスタンスごとに異なる情報を持たせることができます。
- インスタンスを生成したときに、初期化メソッドに記述した処理が実行されます。

6-2 メソッドの定義

学習のポイント

- インスタンスには情報を格納するだけでなく、処理を実行する機能（メソッド）を持たせることができます。
- クラスにメソッドを定義する方法を学びます。

メソッドとは

6-1節では、インスタンス変数を使用することで、インスタンスごとの情報を管理できることを説明しました。StudentCardクラスの例では、インスタンス変数idとnameに、それぞれの学籍番号と氏名を格納して管理しました。このように、個々のインスタンスにそれぞれ異なる「情報」を持たせることができます。

インスタンスには、さらに、なにかしらの処理を行う「機能」を持たせることができます。この機能のことをメソッドといいます。第4章で、strクラスのcountメソッドを紹介しました。このメソッドは、指定した文字列がいくつ含まれるかを調べ、その値を返すものでした。このような、インスタンスが行う処理（メソッド）を、クラスの定義の中に追加できます。

KEYWORD
●メソッド

そのためには、次のように記述します。

構文❻-3　メソッドの定義

```
def メソッド名(self, その他の引数):
    処理内容
```

初期化メソッドと同じように、第1引数にはインスタンス自身が渡されるようになっています。処理の中では、たとえばself.nameのようにしてインスタンス変数を参照できます（注❻-8）。

注❻-8
変数名は自由に決められるので、selfとしなくてもかまいませんが、慣習として、このような変数名を使用します。

それでは、StudentCardクラスのインスタンスに、「変数idとnameに格納されている値を出力する」という機能を持たせることにしましょう。この機能を、print_infoという名前のメソッドで実現する場合、クラスの定義の中に

注❻-9
メソッド名は自由に決められますが、慣習として小文字を使用します。

次のようにprint_infoメソッドを定義します (注❻-9)。

```
def print_info(self):                  ← print_infoメソッドを定義します
    print('学籍番号:', self.id)         ← インスタンス変数idの値を出力します
    print('氏名:', self.name)           ← インスタンス変数nameの値を出力します
```

このように、メソッドの中でインスタンス変数を参照するには、**self.**の後に変数名を続けます。

それでは、List❻-7のプログラムコードでメソッドを追加したクラスの例を確認しましょう。

List❻-7 6-07/student_card.py

```
class StudentCard:
    def __init__(self, id, name):
        self.id = id
        self.name = name

    def print_info(self):
        print('学籍番号:', self.id)
        print('氏名:', self.name)

a = StudentCard(1234, '鈴木太郎')
b = StudentCard(1235, '佐藤花子')
a.print_info()
b.print_info()
```

初期化メソッドです
print_infoメソッドです
インスタンスを生成します
インスタンスを生成します
変数aに代入されたインスタンスのprint_infoメソッドを呼び出しています
変数bに代入されたインスタンスのprint_infoメソッドを呼び出しています

実行結果

```
学籍番号: 1234
氏名: 鈴木太郎
学籍番号: 1235
氏名: 佐藤花子
```

a.print_info()の実行結果です
b.print_info()の実行結果です

StudentCardクラスのインスタンスを2つ生成し、それぞれを変数**a**と**b**に代入しています。そして、それぞれのインスタンスに対して**print_info**メソッドを呼び出しています。メソッドを呼び出すには、インスタンスを参照する変数の変数名に、ドット(**.**)とメソッド名を続けます。実行結果から、それぞれのインスタンスの**print_info**メソッドによって、それぞれのインスタンス変数の値が出力されていることを確認できます。

このように、**StudentCard**クラスに、新しく**print_info**メソッドを追加することで、これまで情報を格納するだけだった学生証に、情報を出力する機能を追加できたことになります (注❻-10)。

注❻-10
print_infoメソッドの例では、戻り値がありませんでしたが、第5章で学習した関数と同様に、**return**文を用いて値を戻すことができます。

図❻-7で、もう一度、インスタンス変数とメソッドの関係を確認しましょう。

図❻-7　`StudentCard`クラスに`print_info`メソッドを追加した様子

StudentCardクラス

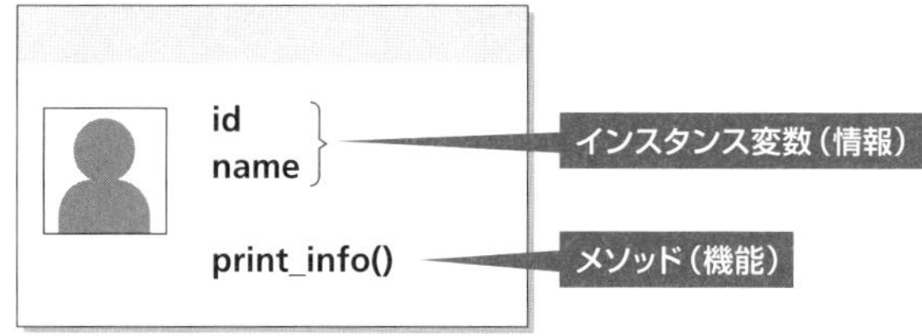

ワン・モア・ステップ！

アクセス制御

インスタンス変数の変数名の先頭にアンダースコア（_）を2つつけると、クラスの外から、そのインスタンス変数にアクセスできなくなります。たとえば、**SutudentCard**クラスの例では、変数名の**name**と**id**をそれぞれ**__name**と**__id**に変更すると、これらはクラスの内部からしかアクセスできなくなります。ただ、本当に外部からアクセスできないと、氏名や学籍番号の情報を知ることもできません。それでは不便なので、参照だけできるように、**__name**と**__id**の値を戻り値とする**get_name**と**get_id**というメソッド（名前はこの通りでなくてもかまいません）を追加します。このようにすることで、クラスの外からは、氏名や学籍番号の値を参照はできても変更できないようにできます。

List❻-8は、この具体的なプログラムコードの例です。

List❻-8　6-08/accessor.py

```
class StudentCard:
    def __init__(self, id, name):
        self.__id = id
        self.__name = name

    def get_name(self):
        return self.__name

    def get_id(self):
        return self.__id

a = StudentCard(12345, '鈴木太郎')
#print(a.__id)
#print(a.__name)

print(a.get_id())
print(a.get_name())
```

（3〜4行目）変数名に__がついているので外部からアクセスできません

（6行目）__nameの値を取得するためのメソッドです

（9行目）__idの値を取得するためのメソッドです

（13〜14行目）#を削除してコメント文でなくすとエラーになります

（16行目）get_idメソッドを使用して学籍番号を取得します

（17行目）get_nameメソッドを使用して名前情報を取得します

実行結果

```
12345
鈴木太郎
```

メソッドも同様に、メソッド名にアンダースコア（_）を2つつけることで、外部からはそのメソッドにアクセスできなくなります。クラス内部でのみ使用するメソッドに対して、このようにします。

KEYWORD
●隠蔽

クラスの外部からインスタンス変数やメソッドにアクセスできなくすることを、隠蔽（いんぺい）するといいます。外部に見せる必要のないものは見せない、というのもオブジェクト指向では重要な考え方です。

クラスメソッド

KEYWORD
●クラスメソッド

クラス変数と同じように、インスタンスに依存しないメソッドであるクラスメソッドというものがあります（注❻-11）。クラスメソッドは、インスタンスを生成しなくても、「クラス名.メソッド名」という形で呼び出すことができます。

注❻-11
クラスメソッドに対して、これまで説明してきたメソッドのことをインスタンスメソッドと呼ぶことがあります。

このようなクラスメソッドを定義するときには、メソッドの定義の前に`@classmethod`という表記をつけます。このように、@記号とキーワードを組み合わせたものをデコレーターといい、メソッドの種類を明らかにする用途で使用します。クラスメソッドの第1引数には、クラスそのものが渡されます。変数名は`cls`とするのが一般的です（注❻-12）。呼び出し元から受け取る引数は、第2引数以降で指定します。

KEYWORD
●インスタンスメソッド
●デコレーター

注❻-12
変数名は、自由に決めてかまいませんが、慣習として`cls`という変数名を使用します。

これまでの`StudentCard`クラスの例では、適当なクラスメソッドを考えるのが難しいので、List❻-9では、`SimpleCalc`クラスという計算を行うクラスを例にして、三角形の面積を計算するための`get_triangle_area`というクラスメソッドを追加する例を示しています。

List❻-9 6-09/simple_calc.py

```
class SimpleCalc:
    @classmethod
    def get_triangle_area(cls, base, height):
        return base * height / 2

print(SimpleCalc.get_triangle_area(10, 5))
```

- `@classmethod`：続くメソッドの定義がクラスメソッドであることを知らせるためのデコレーターです
- `def get_triangle_area` ～ `return base * height / 2`：クラスメソッドの定義です
- `SimpleCalc.get_triangle_area(10, 5)`：クラスメソッドを呼び出しています

実行結果

```
25.0
```

SimpleCalcクラスで宣言された**get_triangle_area**クラスメソッドを呼び出すには、6行目のように、

クラス名 ＋ドット（.）＋ クラスメソッド名

とします。

このように、クラスメソッドはインスタンスを生成しなくても使用できます。**SimpleCalc**クラスの単純な計算処理のように、インスタンス変数を参照する必要がない処理を行う場合にクラスメソッドとします。第1引数の**cls**は、他のクラスメソッドを呼び出したり、クラス変数を参照する際に使用します。先ほどの**get_triangle_area**メソッドのように、引数の**cls**を使用する必要がない場合には、わざわざクラスメソッドとせずに、単なる関数としてしまうのでもかまいません。

オリジナルのクラスをモジュールとして利用する

一度定義したクラスを、他のプログラムコードでも再利用できます。

たとえば、**MyClass**クラスの定義を記述したプログラムコードを**my_class.py**というファイル名で保存したとしましょう。この**MyClass**クラスを、他のプログラムコードで使用したい場合は、そのプログラムコードの先頭に、次のような**import**文を記述します。

from my_class import MyClass
拡張子を除いたファイル名です
使用したいクラス名です

これは、2-4節で学習したモジュールの利用方法と同じです。

List❻-10のようにして、**student_card.py**というファイルに定義された、**StudentCard**クラスを別のプログラムコードで使用できます。

List❻-10-1　6-10/student_card.py

```
class StudentCard:
    def __init__(self, id, name):
        self.id = id
        self.name = name

    def print_info(self):
        print('学籍番号:', self.id)
        print('氏名:', self.name)
```

StudentCardクラスの定義だけを記述したプログラムコードです

List❻-10-2 6-10/import.py

```
from student_card import StudentCard

a = StudentCard(1234, '鈴木太郎')
a.print_info()
```

ファイルstudent_card.pyで定義されているStudentCardクラスをインポートします

別のファイルで定義されているStudentCardクラスを使用できます

実行結果

```
学籍番号: 1234
氏名: 鈴木太郎
```

ワン・モア・ステップ！

__name__変数

List❻-11のような、nameというインスタンス変数だけを持つ、簡単なNameCardクラスのプログラムコードがあったとしましょう。クラスの定義の後に、クラスが適切に定義されていることを確認するための処理が5・6行目に記述されています。

List❻-11 6-11/name_card.py

```
1: class NameCard:
2:     def __init__(self, name):
3:         self.name = name
4:
5: a = NameCard('鈴木太郎')
6: print(a.name)
```

NameCardクラスの定義です

クラスが適切に定義されていることを確認するためのプログラムコードです

実行結果

```
鈴木太郎
```

別のプログラムコードで、このNameCardクラスを使用するために、次のようなインポート文を書いたとします。

```
from name_card import NameCard
```

そうすると、List❻-11の5・6行目に記述した処理が実行され、'鈴木太郎'という文字列が出力されてしまいます。クラスの定義だけではなくて、name_card.pyファイルに記述されている命令文も一緒にインポートされてしまうのです。NameCardクラスを使用したいだけなので、このように意図しない処理が実行されるのは望ましくありません。

そこで、List❻-11を次のように変更します（List❻-12）。

List❻-12　6-12/name_card.py

```
1: class NameCard:
2:     def __init__(self, name):
3:         self.name = name
4:
5: if __name__ == '__main__':
6:     a = NameCard('鈴木太郎')
7:     print(a.name)
```

NameCardクラスの定義です

インポートされたときは実行されません

こうすると、**name_card.py**が直接実行されたときだけList❻-12の6・7行目に書かれた処理が行われ、他のファイルにインポートされたときには実行されなくなります。

プログラムコードが直接実行されたとき、変数**__name__**の値は**'__main__'**となり、インポートされたときはモジュール名（この場合は**'student_card'**）になるのです。

登場した主なキーワード

- **メソッド**：インスタンスが行う処理（機能）のこと。
- **クラスメソッド**：クラスが持つメソッド。「**クラス名.メソッド名(引数列)**」で呼び出すことができます。

まとめ

- クラスには、処理を実行するためのメソッドを定義できます。
- 自分で定義したクラスは、モジュールとして利用できます。

6-3 継承

学習のポイント

- オブジェクト指向の重要な概念である「継承」について学びます。
- 「継承」によって、新しく定義するクラスに、すでにあるクラスの機能を組み入れることができます。
- 実際に、プログラムコードで継承を行う方法を知ります。

継承とは

KEYWORD
●継承

これから新しく作成しようとするクラスに、今までに作ったクラスと共通点が多い場合、共通する部分を再利用できれば効率的です。オブジェクト指向の言語では、既存のクラスの機能を再利用し、それを拡張することで新しいクラスを作成できます。この仕組みのことを継承（けいしょう）といいます。既存のクラスに備わっている機能を別のクラスが継承できる（引き継ぐことができる）のです。継承はオブジェクト指向プログラミングにおいて、とても重要な概念の1つです。

図❻-8は継承の概念を図にしたものです。

図❻-8 継承のイメージ

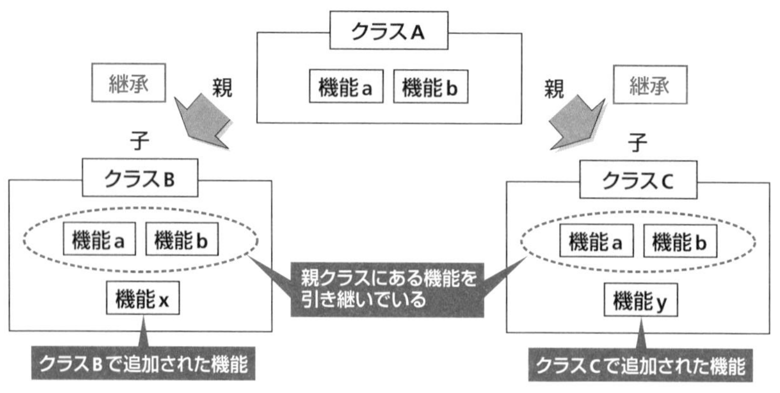

図❻-8にあるクラスAには、機能aと機能bが備わっています。ここで、機能aと機能bを持ちながら、新たに機能xを持つクラスが必要になったとします

（クラスAは改変しないものとします（注❻-13））。しかし、機能aと機能bと機能xを持つクラスをゼロから作るのでは無駄な気がします。どうすればよいでしょうか？

注❻-13
チームで開発しているときや他のモジュールを使用する場合などに、既存のクラスを改変することが許されない場合があります。

このような場合に「継承」を使います。この場合、クラスAを継承したクラスBを作成します。そうすると、クラスBは機能aと機能bを引き継ぐことができ、差分の機能xをプログラミングするだけで済みます。

さて今度は、機能aと機能bを持ちながら、新たに機能yを持つクラスが必要になったとします。どうすればよいでしょう？

クラスBに機能yを追加してしまえばよい、と思うかもしれません。しかし、機能xと機能yを同時に使うことは決してないとすれば、機能xと機能yを別々のクラスに持たせたほうが、今後のメンテナンス（注❻-14）が楽になります。

注❻-14
プログラムは一度作ったらお終いではありません。あとから修正や機能アップなどのメンテナンスが必要になることが一般的です。

この場合には、クラスAを継承した新しいクラスCを作り、差分の機能yだけを追加するのが正解です。先の図❻-8はそのような状況を表しています。

■継承の親子関係

先ほどの図❻-8では、継承関係にあるクラス**A**とクラス**B**、クラス**A**とクラス**C**を見てみました。今度は、この継承関係を言葉で表してみましょう。すると、次のような表現になります。

- クラス**A**はクラス**B**のスーパークラス（親（おや）クラスまたは基底（きてい）クラス）である
- クラス**B**はクラス**A**のサブクラス（子（こ）クラスまたは派生（はせい）クラス）である

KEYWORD
●スーパークラス
●親クラス
●基底クラス
●サブクラス
●子クラス
●派生クラス

表現方法が複数ありますが、どれも同じことを意味しています。

複数のクラスの間で継承関係がある場合の例を、図❻-9に示します。2つのクラスが矢印で結ばれているとき、**矢印はサブクラスからスーパークラスに向かうもの**としています。

図❻-9 継承によるクラス間の関係

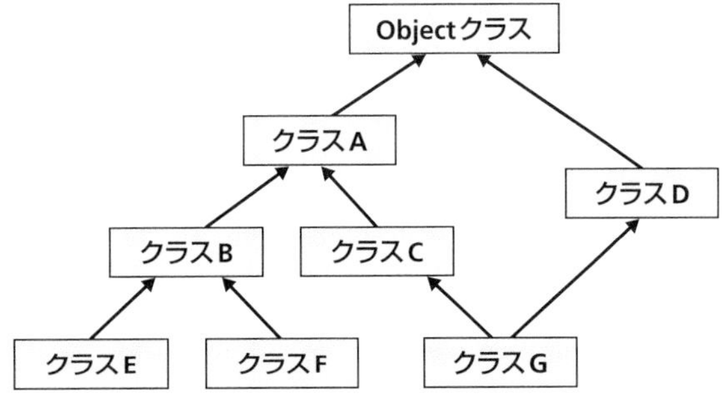

図❻-9の例では、クラス**A**と**D**は**object**クラスのサブクラスです。Pythonでは、**すべてのクラスが直接または間接的にobjectクラスを継承します**。クラス**B**と**C**はクラス**A**のサブクラスで、クラス**E**と**F**はクラス**B**のサブクラスです。このように、継承は階層的に行うことができます。また、クラス**G**はクラス**C**とクラス**D**の両方のサブクラスです。これは、クラス**G**が2つのスーパークラスを持つことを意味します。

他のオブジェクト指向言語では、スーパークラスはただ1つに限られることがありますが、Pythonでは、このように2つのクラスをスーパークラスに持つ（2つのクラスを継承する）ことができます。このような継承の仕方を多重継承（たじゅうけいしょう）といいます。**Pythonは、多重継承ができる言語です**。ただし、多重継承では、継承関係が循環してしまったり、同じ名前のメソッドを複数のクラスが持っていたりした場合に混乱を招きやすいという問題があるため、扱いには注意が必要です。本書では多重継承の実例は示しません。

KEYWORD
●多重継承

継承を行う

あるクラスを継承したクラスを宣言するときには、クラス名の後ろに**()**をつけ、その中に、スーパークラス名を記述します（注❻-15）。次に示すのはその構文で、「クラス**B**がクラス**A**を継承する」場合の書き方になっています（注❻-16）。

注❻-15
クラス名の後ろに**()**を記述しないと、暗黙的に**object**クラスを継承することになります。

注❻-16
多重継承をする場合は、カッコの中にスーパークラスとなるクラス名をカンマ区切りで並べます。

構文❻-4 クラスの継承

```
class A:  ←クラスAは暗黙的にobjectクラスを継承します
    今まで学習した方法でクラスAを定義します

class B(A):  ←クラスBはクラスAを継承します
    今まで学習した方法でクラスBを定義します
```

このように記述することで、クラスAに備わっているインスタンス変数やクラス変数、メソッド、クラスメソッドが、クラス**B**にも自動的に備わります。しかし、これだけではクラス**B**はクラス**A**と何も変わりません。クラス**B**にインスタンス変数やメソッドを追加する方法は、以降でプログラムコードの例とともに説明します。

インスタンス変数とメソッドの継承

継承関係において、サブクラスはスーパークラスにプラスアルファの機能を追加するためのものだといえます。サブクラスを定義するときには、差分の「プラスアルファ」の部分だけをプログラムコードに記述するだけで済みます。

ここからは、そうした継承の実例を見ていくことにします。List❻-10-1（187ページ）は、前節までにも使ってきた`StudentCard`クラスのプログラムコードです。

`StudentCard`クラスは、学籍番号と氏名という学生情報を格納するクラスでした。ここで、海外からの留学生のために、「国籍（nationality）」の情報も格納できる`InternationalStudentCard`（国際学生証）クラスを作ることになったとしましょう。このままだとクラス名が長いので、短くして`IStudentCard`とします。インスタンス変数`id`と`name`で学籍番号と氏名の情報を持つこと、インスタンスメソッドの`print_info`を持つことに関しては`StudentCard`クラスと同じですから、`IStudentCard`クラスは`StudentCard`クラスを継承するものとします。この`IStudentCard`クラスは、List❻-13のように定義できます。

List❻-13 6-13/i_student_card.py

```
1: from student_card import StudentCard
2:
3: class IStudentCard(StudentCard):
4:     def __init__(self, id, name, nationality):
5:         self.nationality = nationality
6:         super().__init__(id, name)
```

student_card.pyに定義されているStudentCardクラスをインポートします

IStudentCardクラスはStudentCardクラスを継承します

IStudentCardクラスで追加されたインスタンス変数です

スーパークラスの初期化メソッドを呼び出しています

国籍の情報は`nationality`という名前のインスタンス変数に持たせることとします。そのために、4行目の初期化メソッドに、インスタンス変数と同名の引数を追加しています。6行目の

```
super().__init__(id, name)
```

という記述は、スーパークラスである`StudentCard`クラスの初期化メソッドを呼び出します。`super()`という記述にドット（`.`）を続けることで、スーパークラスのメソッドを呼び出すことができるのです。

`IStudentCard`クラスの定義はList❻-13の3行目以降のわずか4行の簡

単なプログラムコードです。これだけで学籍番号と氏名の情報と`print_info`メソッド、さらに国籍情報を持つ`IStudentCard`クラスができました。

`StudentCard`クラスと`IStudentCard`クラスの関係を図で表すと、図❻-10のようになります。サブクラスである`IStudentCard`クラスは、スーパークラスである`StudentCard`クラスを拡張したものだといえます。

図❻-10 StudentCardクラスとIStudentCardクラスの関係

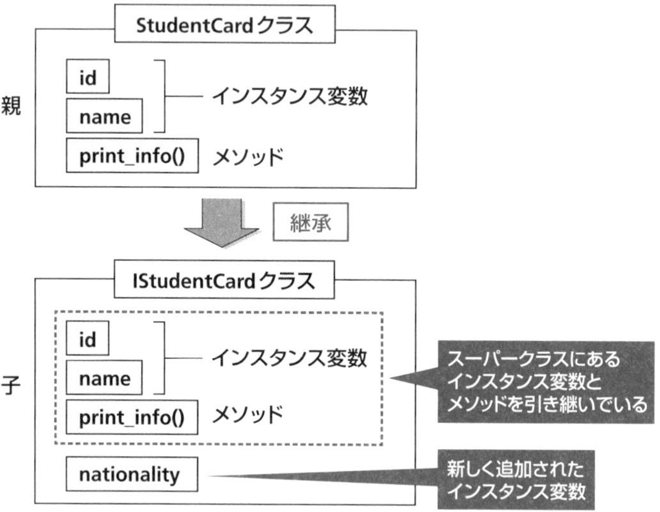

このように定義した`IStudentCard`クラスは、List❻-14のようにして使用できます。

List❻-14 6-14/i_student_card_test.py

```
from i_student_card import IStudentCard

a = IStudentCard(2345, 'John Smith', 'イギリス')

print(f'a.id:{a.id}')
print(f'a.name:{a.name}')
print(f'a.nationality:{a.nationality}')
a.print_info()
```

- 1行目：IStudentCardクラスをインポートします
- 3行目：IStudentCardのインスタンスを生成します
- 5〜7行目：IstudentCardクラスのインスタンス変数の値を確認しています
- 8行目：print_infoメソッドを呼び出します

実行結果

```
a.id:2345
a.name:John Smith
a.nationality:イギリス
学籍番号: 2345
氏名: John Smith
```

- 1〜3行目：インスタンス変数の値を出力しています
- 4〜5行目：print_infoメソッドによる出力です

StudentCardクラスで定義されているインスタンス変数idとname、およびprint_infoメソッドを、IStudentCardクラスのインスタンスでも使用できることを確認できました。また、IstudentCardクラスで追加されたnationalityというインスタンス変数が使用できるようになりました。

メソッドのオーバーライド

ここまでに、サブクラスはスーパークラスのインスタンス変数とメソッドを引き継ぐことと、そこに新しいインスタンス変数や新しいメソッドを追加できる（拡張できる）ことを確認しました。

ところで、スーパークラスが持つメソッドと同じ名前のメソッドをサブクラスで定義したら、どうなると思いますか？

そのときには、**スーパークラスで定義されたメソッドの内容が、サブクラスで定義された内容によって上書きされます**。このことをオーバーライドといいます。

KEYWORD
●オーバーライド

たとえば、StudentCardクラスにはprint_infoメソッドがありますが、IStudentCardクラスにも同じ名前のprint_infoメソッドを定義したとします。このとき、IStudentCardクラスのインスタンスに対して、print_infoメソッドを呼び出すと、IStudentCardクラスで定義したprint_infoメソッドが優先されて実行されます。

実例を見てみましょう。List❻-15のように、IStudentCardクラスにprint_infoメソッドを追加します。

List❻-15　6-15/i_student_card.py

```
from student_card import StudentCard

class IStudentCard(StudentCard):
    def __init__(self, id, name, nationality):
        self.nationality = nationality
        super().__init__(id, name)

    def print_info(self):
        print(f'国籍: {self.nationality}')
        print(f'学籍番号: {self.id}')
        print(f'氏名: {self.name}')
```

スーパークラスも持っているprint_infoメソッドをオーバーライドします

List❻-16では、IStudentCardクラスのインスタンスに対して、print_infoメソッドを呼び出しています。

List❻-16 6-16/i_student_card_test.py

```
from i_student_card import IStudentCard

a = IStudentCard(2345, 'John Smith', 'イギリス')

a.print_info()
```

IStudentCardクラスをインポートします

IStudentCardのインスタンスを生成します

IStudentCardクラスのインスタンスのprint_infoメソッドを呼び出します

実行結果

国籍：イギリス
学籍番号: 2345
氏名: John Smith
a.printInfo()の出力結果です

実行結果を見ると、**IStudentCard**クラスで定義されたメソッドが実行されていることを確認できます。この関係を表すと図❻-11のようになります。

図❻-11 StudentCardクラスを継承するIStudentCardクラスの概要

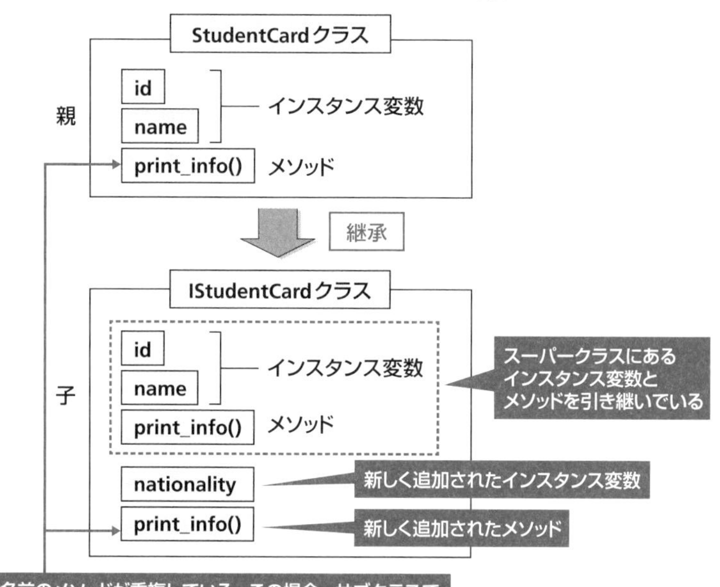

このように、サブクラスとスーパークラスに同じ名前のメソッドがあると、サブクラスのメソッドが優先されます。メソッドをオーバーライドしたためにスーパークラスのメソッドが実行されなくなることを、「スーパークラスのメソッドが隠蔽される」と表現することもあります。

superでスーパークラスのメソッドを呼び出す

KEYWORD
● super

super キーワードを使うと、スーパークラスのメソッドをサブクラスから呼び出すことができます。すでに初期化メソッドの中で記述してきたように、super() の後ろにドット（.）をつけて、次のように記述します。

書式❻-1　スーパークラスのメソッドを呼び出す

```
super().メソッド名(引数)
```

たとえば図❻-11に示した例では、IStudentCardクラスのメソッドの中で、

```
super().print_info()
```

と記述すると、スーパークラス（StudentCardクラス）のprint_infoメソッドを呼び出すことができます。

List❻-17は、IStudentCardクラスのprint_infoメソッドから、スーパークラスのprint_infoメソッドを呼び出すようにした例です。

List❻-17　6-17/i_student_card.py

```
from student_card import StudentCard

class IStudentCard(StudentCard):
    def __init__(self, id, name, nationality):
        self.nationality = nationality
        super().__init__(id, name)

    def print_info(self):
        print(f'国籍: {self.nationality}')
        super().print_info()
```

スーパークラスのprint_info メソッドを呼び出しています

正しくスーパークラスのprint_infoメソッドが実行されるかどうか、List❻-18のプログラムコードで確認してみましょう。

List❻-18　6-18/override_test.py

```
from i_student_card import IStudentCard

a = IStudentCard(1234, '鈴木太郎', '日本')
a.print_info()
```

実行結果

```
国籍: 日本
学籍番号: 1234
氏名: 鈴木太郎
```

国籍の情報はIStudentCardクラスのprint_infoメソッドで出力しています

学籍番号と氏名の情報はStudentCardクラスのprint_infoメソッドで出力しています

登場した主なキーワード

- **オーバーライド**：スーパークラスと同じ名前のメソッドをサブクラスで定義すること。
- **super**：スーパークラスのメソッドを呼び出すときに使用するキーワード。

まとめ

- サブクラスは、スーパークラスのフィールドとメソッドを引き継ぎます。
- スーパークラスが持つメソッドと、同じ名前のメソッドをサブクラスで定義することを「オーバーライド」といいます。
- オーバーライドしたメソッドはサブクラスのものが優先され、スーパークラスのものは隠蔽されます。
- スーパークラスのメソッドにアクセスするには、**super**キーワードを使用します。

練習問題

6.1 次の文章の空欄に入れるべき語句を、選択肢(a)〜(f)から選び、記号で答えてください。

・Pythonは［(1)］指向型の言語といわれ、クラスは［(1)］の属性や機能を定義したものです。

・クラスの定義の中で［(1)］の持つ情報は［(2)］に持たせることができ、機能は［(3)］に持たせることができます。

・インスタンスが生成されるときに自動的に呼び出されるメソッドを［(4)］またはコンストラクタと呼びます。

【選択肢】

(a) クラス変数	(b) インスタンス変数	(c) 関数
(d) オブジェクト	(e) メソッド	(f) 初期化メソッド

6.2 次のプログラムコードの空欄(A)に、(1)〜(4)の各問いの条件に合う関数を追加してください。空欄(B)には、その関数を呼び出す命令文を記述してください。なお、関数に戻り値がある場合は、受け取った戻り値を出力するようにしてください。引数の値は自由に決めてかまいません。

List❻-19 6-P01/person.py

```
# 個人の情報を表すクラス
class Person:
    def __init__(self, name, age):
        self.name = name  # 名前
        self.age = age    # 年齢

# ここに設問の関数を追加する
[(A)]

a = Person("高橋太郎", 19)
b = Person("小林花子", 18)

# 追加した関数を呼び出す。戻り値がある場合は出力する
[(B)]
```

(1)

関数名：　print_info

引数列：　p（Personオブジェクト）

処理の内容：引数で受け取るPersonオブジェクトの、名前と年齢の情報を出力する。

(2)

関数名：　age_check

引数列：　p（Personオブジェクト）、i（整数値）

処理の内容：引数で受け取るPersonオブジェクトの年齢が、引数iの値を超えている場合はTrueを、そうでない場合はFalseを返す。

(3)

関数名：　print_younger_person_name

引数列：　p1（Personオブジェクト）、p2（Personオブジェクト）

処理の内容：引数で受け取る2つのPersonオブジェクトのうち、年齢の若いほうの名前を出力する。ただし、同じ年齢の場合はp1の名前を出力する。

(4)

関数名：　get_total_age

引数列：　p1（Personオブジェクト）、p2（Personオブジェクト）

処理の内容：引数で受け取る2つのPersonオブジェクトの、年齢の合計を返す。

6.3 クラスメソッドとはどのようなものか説明してください。

6.4 次のプログラムコードの空欄(A)に、(1)と(2)の条件に合うメソッドをそれぞれ追加して、プログラムコードを完成させてください。

(1)

メソッド名： `get_area`

引数列： なし

処理の内容： 面積（幅×高さ）を返す

(2)

メソッド名： `is_larger`

引数列： `rect`（`Rectangle`オブジェクト）

処理の内容： 引数で渡された`Rectangle`オブジェクトと比較して、自分の面積のほうが大きければ`True`を、そうでなければ`False`を返す

List❻-20 6-P02/rectangle.py

```
# 長方形を表すクラス
class Rectangle:
    def __init__(self, width, height):
        self.width = width        # 幅
        self.height = height  # 高さ

    # ここに設問のメソッドを追加する
    (A)

rec0 = Rectangle(5, 8)
rec1 = Rectangle(4, 6)

print('rec0の面積', rec0.get_area())
print('rec1の面積', rec1.get_area())

if rec0.is_larger(rec1):
    print('rec0 のほうが大きい')
else:
    print('rec1 のほうが大きい、または同じ')
```

実行結果

```
rec0の面積40
rec1の面積 24
rec0 のほうが大きい
```

6.5 クラスの継承を理解するために、次のようなプログラムコードを作成しました。(1)～(6) の処理で、それぞれどのような出力が得られるか答えてください。

List❻-21 6-P03/inheritance.py

```
class X:
    def __init__(self):
        print('[x]')

    def a(self):
        print('[x.a]')

    def b(self):
        print('[x.b]')

class Y(X):
    def __init__(self):
        super().__init__()
        print('[y]')

    def a(self):
        print('[y.a]')
        super().a()

x = X()    # (1)
x.a()      # (2)
x.b()      # (3)
y = Y()    # (4)
y.a()      # (5)
y.b()      # (6)
```

第7章　発展と応用

例外処理
テキストファイルの読み書き
データの集計とグラフ描画
画像処理
Webスクレイピング

Python

この章のテーマ

本章では、例外処理について学んだ後で、テキストファイルの読み書き、グラフ描画、画像処理、そしてインターネット上からの情報取得など、さまざまなデータ処理に欠かせない内容を、実際のプログラムコードを例に紹介します。標準ライブラリではカバーしきれない機能は、外部モジュールを用いて実現します。

7-1　例外処理

- プログラム実行時のトラブル
- 例外を処理する
- 例外の種類による処理の切り替え

7-2　テキストファイルの読み書き

- データ処理の第一歩
- テキストファイルを読み込む
- with文を使う
- テキストファイルを書き出す
- ファイルの読み書き

7-3　データの集計とグラフ描画

- 情報の可視化
- データの集計
- matplotlibライブラリのセットアップ
- matplotlibライブラリを用いたグラフの作成

7-4　画像処理

- 画像処理
- OpenCVライブラリのセットアップ
- 画像の読み込みと表示
- 画像処理とファイルの書き出し
- 円の検出

7-5　Webスクレイピング

- Webスクレイピングとは
- requestsライブラリとbeautifulsoup4ライブラリのセットアップ
- HTMLファイルの取得
- HTMLファイルの解析

7-1 例外処理

学習のポイント

- プログラムコードに文法上の間違いがなくても、プログラムが問題なく動作するとは限りません。
- 実行するときになってトラブルが起きた場合、「例外」が発生します。
- 適切な「例外処理」を含むプログラムコードを作成することで、例外の発生にも対処する方法を学びます。

プログラム実行時のトラブル

KEYWORD
- ●エラー
- ●構文エラー

プログラム実行時に発生するトラブルをエラーといいます。プログラムコードの中のつづりの間違いや文法の誤りは、構文エラー（Syntax Error）という形で知らされます。これに対して、そのような誤りがなくても発生するエラーもあります。

List❼-1は、2つの数字の入力を受け取り、1つ目の数値を2つ目の数値で割り算した結果を出力するプログラムコードです。

List❼-1 7-01/divide.py

```
print('a ÷ b の計算をします')
a = input('aの値を入力してください: ')
b = input('bの値を入力してください: ')
c = float(a) / float(b)   ← 入力は文字列なので、float型に変換してから割り算を行います
print('答えは', c)
```

実行結果1

```
a ÷ b の計算をします
aの値を入力してください: 5
bの値を入力してください: 2
答えは 2.5   ← 5を2で割った値が正しく出力されています
```

実行結果の例のように、aの値に5、bの値に2を入力すると、2.5という正しい答えが得られます。

プログラムコードには何も問題がないように見えますが、次のように、数字で

はないものを入力すると、エラーが発生します。

実行結果2

```
a ÷ b の計算をします
aの値を入力してください: abc
bの値を入力してください: def
Traceback (most recent call last):
  File "divide.py", line 4, in <module>
    c = float(a) / float(b)
ValueError: could not convert string to float: 'abc'
```

数字でないものを入力しています

エラーが発生しました

input関数で受け取る値は文字列ですので、割り算の計算を行うときには、**float(a)**、**float(b)**のように、それぞれの文字列を数値に変換してから計算を行います。ここで、入力された文字列を数値に変換できなかったためにエラーが発生したのです。エラーメッセージから**ValueError**というエラーが発生したことがわかります。また、「答えは」という文字列が出力されていないので、最後の行は実行されずに、処理が中断してしまったことがわかります。

今度は、**a**、**b**どちらも数字を入力するものの、**b**の値は**0**にしてみましょう。

実行結果3

```
a ÷ b の計算をします
aの値を入力してください: 5
bの値を入力してください: 0
Traceback (most recent call last):
  File "divide.py", line 4, in <module>
    c = float(a) / float(b)
ZeroDivisionError: float division by zero
```

bの値に0を指定します

エラーが発生しました

すると今度は、先ほどとは異なるエラーが発生しました。入力した値は正しく数値に変換されたものの、ゼロによる割り算を計算しようとしたためです。そもそも、ある値をゼロで割るような計算は数学の世界で定義されていません。そのため、**b**の値がゼロであった場合には**a / b**を計算できず、処理が中断してしまいます。エラーメッセージから**ZeroDivisionError**というエラーが発生したことがわかります。

プログラムを実行している途中に発生するこのようなトラブルや、それを表すものを例外(れいがい)(exception(エクスセプション))といいます。

KEYWORD
●例外(exception)

先ほどの例のような単純なプログラムであれば、例外によってプログラムが中断しても大した問題はありません。しかし、プログラムによっては「トラブルが発生してもそれに対処して、実行を継続してほしい」ということがあります。このような場合には、例外への適切な対処が必要になります。

例外を処理する

KEYWORD
- 例外処理
- try ～ except文

重要な処理を行うプログラムの場合、問題が発生したからといって、プログラムが止まってしまっては困ることがあります。そこで、例外が発生したときに、その例外に対処するためのプログラムコードを書くことで、プログラムが止まらないようにします。このような例外への対処を例外処理といいます。

例外処理では、次のようなtry～except文を使用します。

構文❼-1 try～except文

```
try:
    本来実行したい処理(例外が発生する可能性がある)  ← tryブロックです
except:
    例外が発生したときの処理  ← exceptブロックです
```

KEYWORD
- tryブロック
- exceptブロック

tryブロックには、実行中に例外が発生する可能性がある、本来実行したい処理を記述します。「途中でトラブルが発生するかもしれないけれどトライしてみる」というわけです。

tryブロックの中で例外が発生した場合、それ以降の処理をスキップしてexceptブロックの中に処理が移ります。

List❼-2は、先ほどのプログラムコードに例外処理を追加したものです。

入力を受け取り、計算を行って出力するまでの処理をtryブロックの中に入れています。例外が発生したときには、その時点で処理を中断してexceptブロックの中の処理に移ります。

List❼-2 7-02/divide.py

```
print('a ÷ b の計算をします')
try:
    a = input('aの値を入力してください: ')
    b = input('bの値を入力してください: ')
    c = float(a) / float(b)
    print('答えは', c)
except:
    print('入力が適切ではありません')

print('処理を終わります')
```

(3～6行目: tryブロックの中の処理です)
(8行目: 例外が発生したときに実行される処理です)

実行結果

```
a ÷ b の計算をします
aの値を入力してください: abc  ← 数字ではないものを入力しています
bの値を入力してください: def
入力が適切ではありません  ← 例外が発生したときの処理が行われています
処理を終わります
```

実行結果から、exceptブロックの処理が行われていることを確認できます。また、プログラムが中断することなく、最後の「処理を終わります」という文字列を出力する処理も正常に実行されています。

例外の種類による処理の切り替え

tryブロックで発生する例外には、さまざまな種類があります。すでに見たように、数値に変換するのに適切でない入力があった場合にはValueErrorという例外が、ゼロで割り算をするような処理があった場合にはZeroDivisionErrorという例外が発生します。

exceptキーワードの後に、例外の種類（例外オブジェクトの型）を記述することで、発生した例外の種類に応じて例外処理を切り替えることができます。

構文❼-2　try～except文：例外の種類に応じて例外処理を切り替える

```
try:
    本来実行したい処理（例外が発生する可能性がある）
except 例外の種類1:
    例外（種類1）が発生したときの処理
except 例外の種類2:
    例外（種類2）が発生したときの処理
```

List❼-3は、このような例外処理を含めた例です。

List❼-3　7-03/divide.py

```
print('a ÷ b の計算をします')
try:
    a = input('aの値を入力してください: ')
    b = input('bの値を入力してください: ')
    c = float(a) / float(b)
    print('答えは', c)
except ValueError:
    print('入力が数字ではありません')
except ZeroDivisionError:
    print('ゼロで割ることはできません')

print('処理を終わります')
```

← ValueErrorという例外が発生したときに実行されます

← ZeroDivisionErrorという例外が発生したときに実行されます

実行結果1

```
a ÷ b の計算をします
aの値を入力してください: abc
bの値を入力してください: def
入力が数字ではありません
```

← 数字ではないものを入力しています

← ValueErrorが発生したときの処理が実行されています

```
処理を終わります
```

実行結果2

```
a ÷ b の計算をします
aの値を入力してください: 5
bの値を入力してください: 0      ← 0を与えています
ゼロで割ることはできません      ← ZeroDivisionErrorが発生したときの処理が実行されています
処理を終わります
```

発生する例外の種類に応じて、実行される**except**ブロックが切り替えられたことを確認できます。

メモ

List❼-3で、

```
except ValueError:
```

としていたところを、

```
except ValueError as ex:
```

のように記述すると、例外を表すオブジェクトが変数**ex**に代入されます。この変数を参照して、例外の詳しい情報を知ることができます。たとえば**except**ブロックの中に**print(ex)**と記述することで、次のような出力が得られます。

実行結果

```
could not convert string to float: 'abc'
```

KEYWORD

- elseブロック
- finallyブロック

ワン・モア・ステップ！

例外が発生しなかったときの処理

例外処理には、次のようにelse（エルス）ブロックとfinally（ファイナリィ）ブロックを追加することができます。

構文❼-3　try～except ～else～finally文

```
try:
    例外が発生するかもしれない処理
except:
    例外が発生したときの処理
else:
    例外が発生しなかったときの処理
finally:
    例外の有無にかかわらず実行される処理
```

elseブロックには、例外が発生しなかったときに行う処理を記述し、finallyブロックには、例外の発生の有無にかかわらず、必ず実行したい処理を記述します。
通常の処理の流れと、例外が発生したときの処理の流れの違いは図❼-1の通りです。

図❼-1　通常の処理と例外が発生したときの処理の流れの違い

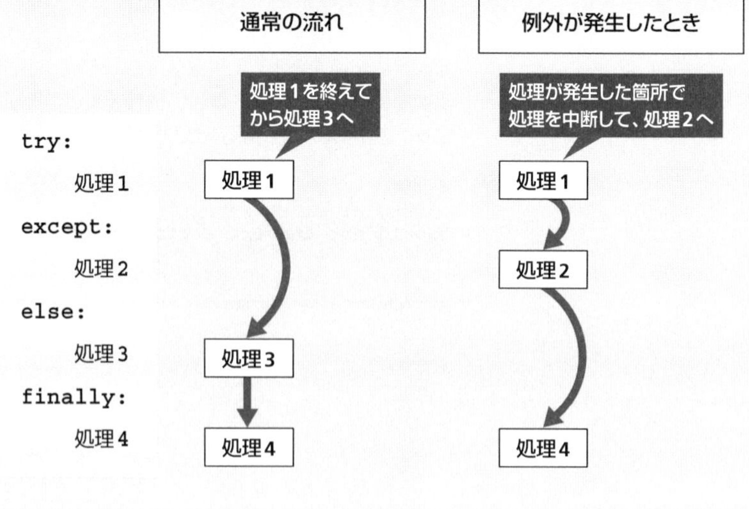

登場した主なキーワード

- **例外**：プログラム実行時に発生したトラブルやそれを表すもの。
- **try～except文**：例外が発生する可能性がある場合に、適切な対応をするために使用する構文。例外が発生するとexceptブロックに処理が移ります。
- **finallyブロック**：try～except文の末尾に追加できるブロック。例外の発生の有無にかかわらず実行されます。

まとめ

- プログラム実行中に、そのままでは処理を継続できないトラブルが発生したときには例外が発生します。
- 例外の発生する可能性のある処理をtryブロックに記述すると、例外が発生したときにexceptブロックで処理できます。
- finallyブロックは、例外の発生の有無にかかわらず実行されます。

7-2 テキストファイルの読み書き

学習のポイント

- さまざまなデータがテキストファイルに保存されています。
- テキストファイルを開き、内容を1行ずつ読み出す方法を学びます。
- ファイルにテキストを書き出す方法も学びます。

データ処理の第一歩

プログラムによってデータを集計したり、その結果から有用な情報を抽出するための第一歩は、テキストファイルの読み書きを行えるようになることです。天気情報や経済情報、各種の統計データ、実験データなどは、テキストファイルに保存されている場合が多くあります。もちろんテキストでないファイル(注❼-1)であったり、専用のデータベースに保管されていたりすることもありますが、テキストファイルはその内容を人が見て理解できるために、データをやりとりする場面で広く使用されています。テキストファイルに含まれる文字情報を読み込み、それを処理し、また再びテキストファイルに情報を保存する方法を学ぶことは、データを処理するための第一歩です。

注❼-1
テキストでないファイルを総称してバイナリファイルと呼びます。

ここでは例としてList❼-4のような、美術館の来館者アンケートから得られた情報を記録したテキストファイルを読み込むものとします。ファイルには来館日と、来館者のグループがどの都道府県か来たか、そしてグループを構成する大人の人数と子どもの人数が1行ごとに、カンマ区切りで書き込まれているものとします。1行単位にまとめられた情報の1行分を、1つのレコードと呼びます。

KEYWORD
●レコード

List❼-4　7-04/visitor_record.txt

```
2021-07-01,東京都,1,0
2021-07-01,千葉県,2,1
2021-07-01,千葉県,2,2
2021-07-01,神奈川県,4,2
2021-07-02,福島県,2,0
2021-07-02,埼玉県,3,2
2021-07-02,埼玉県,4,2
(中略)
```

KEYWORD

●CSV形式

メモ

カンマ区切りでデータを記録する形式をCSV（Comma Separated Value）形式といい、テキスト形式でのデータ記録方法として広く使用されています。PythonにはCSV形式のファイルを効率よく扱うことができる**csv**モジュールというものがあります。本章では一般的なテキストファイルを扱う方法を学ぶことを目的としているため、**csv**モジュールは扱いません。興味がある場合は、API仕様書やインターネット上の情報を調べてみましょう。

テキストファイルを読み込む

テキストファイルの中身を読み込むには、次のような手順で処理を行います。

1. ファイルを開く
2. 1行ずつ文字列として読み取り、読み取った内容に対して処理を行う
3. ファイルを閉じる

先に具体的なプログラムコードを紹介します。List❼-5は、先ほどの**visitor_record.txt**というファイルを開いて、そこに含まれるテキスト情報を1行ずつ読み込みます。そして、「東京都」という文字列が含まれる場合には、その行を出力します。

List❼-5　7-05/file_open.py

```
f = open('data/visitor_record.txt', 'r', encoding='UTF-8')
lines = f.readlines()

for line in lines:
    if '東京都' in line:
        print(line.replace('¥n',''))

f.close()
```

①ファイルを開き、ファイルオブジェクトを取得します
②ファイルの中身を読み込みます
③1行ずつ変数lineに取り出して処理します
④'東京都'という文字列を含むか判定します
⑤末尾の改行を削除して出力します
⑥ファイルを閉じる処理です

実行結果

```
2021-07-01,東京都,1,0
2021-07-03,東京都,2,1
2021-07-03,東京都,4,2
(略)
```

'東京都'という文字列を含む行だけが出力されています

それでは、List❼-5の内容を1つずつ説明していきます。まず、①ではopen関数を使ってファイルを開いています。open関数では、次のようにファイルパス、モード、文字コードを指定します。

書式❼-1 open関数

```
open(ファイルパス, mode='r', encoding=None)
```

▶引数で指定したファイルを、指定したモードで開き、ファイル入出力用のオブジェクトを返す

open関数の戻り値であるファイル入出力用のオブジェクト(注❼-2)を使って、それ以降の処理を行うことになります。第1引数でファイルパス(ファイルの位置)を指定し(注❼-3)、第2引数のmodeでは、開いたファイルに対してどのような操作を行うのかを指定します。ファイルを読むために開く場合は'r'という文字を指定しますが、それ以外にも表❼-1に示すようなモードがあります。第3引数のencodingでは、開くファイルの文字コードを指定します。

注❼-2
ファイル入出力用のオブジェクトと書いているものは、実際には_io.TextIOWrapperクラスのインスタンスです。

注❼-3
ファイルパスの指定については、215ページのワン・モア・ステップ!「絶対パスと相対パス」も参照してください。

KEYWORD
●モード

表❼-1 ファイルを開くモードと、ファイルに対する操作の内容

モード	説明
r	読み込み用に開く(ファイルが存在しないときはエラー)
w	書き込み用に開く(ファイルが存在しないときは新規作成)
a	追記用に開く(ファイルの末尾に追記。ファイルが存在しないときは新規作成)
+	読み書き両用にする
b	バイナリモードで開く(注❼-4)

注❼-4
テキストファイル以外のファイルを開くときに、'rb'のように他の文字と組み合わせて使用します。

open関数で取得したオブジェクトには、さまざまなメソッドがあります。②では、そのうちの1つであるreadlinesメソッドを用いて、各行を要素とするリストを取得しています。③では、for文を使って、このリストの要素を1つずつ取り出します。④と⑤で、「東京都」という文字列が含まれるかどうかを判定し、含まれる場合は、その行の内容を出力します。文字列に特定の語が含まれるかどうかは、126ページで説明したin演算子を使用して判定しています。

②のreadlinesメソッドで取得できる各文字列の末尾には改行コードが付いています。それを削除するために、107ページで説明したstrオブジェクトのreplaceメソッドを⑤で使っています。

```
line.replace('¥n','')
```

という記述では、`line`に含まれる改行コード（`¥n`）が空の文字列`''`に置き換えられます（つまり、削除されます）。

最後に、ファイル入出力用のオブジェクトの`close`メソッドを使ってファイルを閉じます（⑥）。Pythonのプログラムが終了すると自動的にファイルが閉じられますが、`open`関数で開いた`file`オブジェクトはプログラムコードの中で`close`メソッドを使って閉じるのが正しい書き方です。

ワン・モア・ステップ！

絶対パスと相対パス

List❼-5では、`open`関数の第1引数であるファイルパスを「data/visitor_record.txt」としました。この場合、プログラム実行時の基準となるフォルダ（実行パス）の中に「data」という名前のフォルダがあり、その中に「visitor_record.txt」というファイルが存在する必要があります。このように、ある場所を基準にしてファイルの場所を記述したものを相対（そうたい）パスといいます。Windows PowerShellで`python`を起動した場合には、そのときのフォルダ（注❼-5）が基準となります。

一方で、ファイルパスを「C:/python/data/visitor_record.txt」のようにドライブ名から記述することもできます（macOSなどの場合は/python/data/visitor_test.txt）。このように、フォルダの階層の最も上位（注❼-6）から目的のファイルまでに経由するフォルダをすべて記述したファイルパスを絶対（ぜったい）パスといいます。

KEYWORD
●相対パス
●絶対パス

注❼-5
カレントディレクトリともいいます。

注❼-6
Windowsの場合はドライブ名、macOSなどの場合は/。

with文を使う

KEYWORD
●with文

ファイルを開く方法には、次のような`with`文（ウィズぶん）と`open`関数を組み合わせる方法もあります。

構文❼-2 with文

```
with open(引数列) as 変数名:
```

このように記述すると、`as`の後に指定した変数にファイル入出力用のオブジェクトが代入されます。先ほど説明した`readlines`メソッドはファイル全体を一度にリストに取り込みますが、`with`文で取得したファイル入出力用のオブジェクトに対しては、ファイルの内容を1行ずつ読み込みながら処理を行うことができます。

List❼-6は、List❼-5を**with**文を使って書き直した例です。行数が少なく、すっきり記述できることを確認できます。

List❼-6 7-06/file_open.py

```
with open('data/visitor_record.txt', 'r', encoding='UTF-8') ➡
as f:
    for line in f:
        if '東京都' in line:
            print(line.replace('¥n',''))
```

1行ずつ文字列を取り出します

➡は紙面の都合で折り返していることを表します。

短いプログラムコードで済ませられる以外にも、**with**文を用いると、ファイルのサイズが大きくなってもメモリを大きく消費しないというメリットがあります。サンプルのテキストファイルはサイズが小さいので、どちらの方法でもかまいませんが、実際のデータ処理の現場で数万行や数十万行にもおよぶテキストファイルを扱う場合には、**with**文を使うほうがよいです。また、**with**文ではファイル入出力用のオブジェクトの**close**メソッドを呼ばなくても、ファイルを閉じる処理が自動で行われます。

テキストファイルを書き出す

テキストファイルを書き出すには、次のような手順で処理を行います。

1. ファイルを開く
2. ファイル入出力用のオブジェクトのメソッドを使用して文字を書き出す
3. ファイルを閉じる

List❼-7は、**output.txt**というファイルに、ファイル入出力用オブジェクトの**write**メソッドを使用して0から99までの数字を1行に1つずつ書き出す例です。

List❼-7 7-07/file_write.py

```
f = open('output.txt', 'w', encoding='UTF-8')
for i in range(0,100):
    f.write(str(i) + '¥n')
f.close()
```

ファイルを書き出しモードで開きます

ファイルに書き出します。改行も書き出す必要があります

ファイルを閉じます

実行結果 output.txtファイルの中身

```
0
1
2
中略
99
```

0から99までの数字が1行に1つずつ書き出されています

List❼-7の例では、1行目で`open`関数を呼び出すときに、第2引数を`'w'`としている点に注意しましょう(注❼-7)。3行目で使用している`write`メソッドは、引数の文字列をファイルに書き出します。

ファイルを書き出す処理にも、`with`文を使用できます。List❼-7は、List❼-8のように書くことができます。

注❼-7
テキストファイルを書き出すときには、`open`関数のモードの指定を`'w'`にします。

List❼-8 7-08/file_write.py

```
with open('output.txt', 'w', encoding='UTF-8') as f:
    for i in range(0,100):
        f.write(str(i) + '¥n')
```

ファイルの読み書き

それでは、これまでの例で見てきた、読み書きの処理を組み合わせて、元のデータから「東京都」という文字列を含む行だけを`output.txt`ファイルに書き出すことにします。

異なるファイルの読み書きを同時に行うため、List❼-9のように`with`文を2つネストします。

List❼-9 7-09/file_read_write.py

```
with open('output.txt', 'w', encoding='UTF-8') as out_file:
    with open('visitor_record.txt', 'r', ➡
encoding='UTF-8') as in_file:
        for line in in_file:
            if '東京都' in line:
                out_file.write(line)
```

①書き出しを行うファイルを開きます
②読み込みを行うファイルを開きます
1行ずつ処理を行います
「東京都」という文字列を含む行を①で開いたファイルに書き出します

➡は紙面の都合で折り返していることを表します。

実行結果 output.txtファイルの中身

```
2021-07-01,東京都,1,0
2021-07-03,東京都,2,1
2021-07-03,東京都,4,2
(略)
```

東京都という文字列が含まれる行のみが書き出されていることがわかります

登場した主なキーワード

- **with文**：ファイルを開き、1行ずつ読み込むのに使用する構文。
- **モード**：ファイルを開くときに、どのような内容の処理をするのか指定するもの。

まとめ

- テキストファイルの読み書きを行うには、ファイルを開く処理と、ファイルの内容を1行ずつ読み込む処理を用います。
- ファイルを開くときには`open`関数を使用します。その際には、ファイルパスと、どのような処理を行うかを指定するモード、および文字コードを指定します。
- `with`文を使って、ファイルを開くこともできます
- ファイルの読み書きには、`open`関数を使って得られるファイル入出力用のオブジェクトを使用します。

7-3 データの集計とグラフ描画

学習のポイント

- テキストファイルからデータを集計する方法を、実例を交えて学びます。
- matplotlibライブラリを使用してグラフを作成します。

情報の可視化

KEYWORD
- 情報可視化技術

注❼-8
数値の大きさを円の面積で表す方法の1つ。

データを集計した結果を、グラフなどを用いて視覚的に理解しやすくすることは大切です。データの見せ方は、そのデータから読み取ることができる情報と、それに基づく意思決定にまで影響を与えます。必要な情報をわかりやすく見せる技術は、情報可視化技術（じょうほうかしかぎじゅつ）と呼ばれ、折れ線グラフや棒グラフのような単純なものだけではなく、ネットワーク図やバブルチャート（注❼-8）など、さまざまな方法が考案されています。ここでは、その第一歩として、7-2節で扱ったテキストファイルからデータを集計し、図❼-2のようなシンプルな棒グラフで、都道府県ごとの来館者数を表示してみます。棒グラフの作成には、**matplotlib**というグラフ描画用のライブラリを使用します。**matplotlib**については、後ほど説明します。

図❼-2　matplotlibを使って作成した棒グラフの例

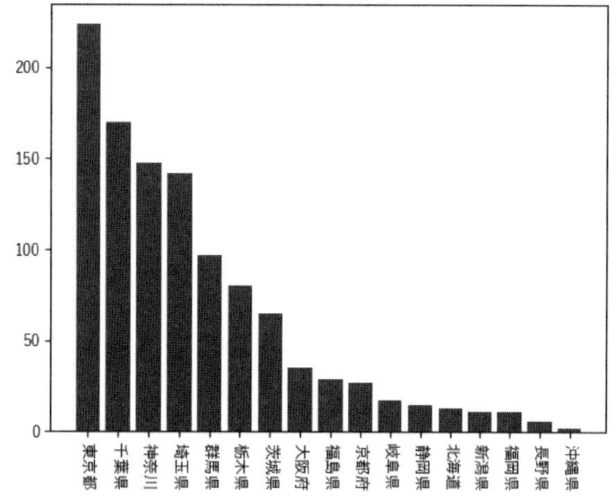

データの集計

どのような情報を抽出するかを決めることは、どのような判断に使用するかによって異なります。ここでは例として、今後の美術館の広報誌の配布数を検討するために、7-2節で使ったテキストファイルから、都道府県ごとの来館者数を集計するものとします。

まず、7-2節で行ったように、ファイルを開いて1行ずつ文字列を読み取ります。その後、1行分の文字列をカンマで区切って、日付、都道府県、大人の来館者数、子どもの来館者数の情報を取得します。続いて、都道府県名をキー、来館者数を値とする辞書を使って、都道府県ごとの来館者数を集計します。最終的に、来館者数の多い順にソートした結果を出力します。ここではまだグラフの作成は行いません。

実際のプログラムコードはList❼-10のようになります。

List❼-10　7-10/pref_count.py

```
pref_count_dict = {}
with open('data/visitor_record.txt', 'r', encoding='UTF-8' ➡
) as f:
    for line in f:
        date, pref, num_adult, ➡
num_children = line.split(',')
        num_all = int(num_adult) + int(num_children)
        if pref in pref_count_dict:
            pref_count_dict[pref] += num_all
        else:
            pref_count_dict[pref] = num_all

pref_count_sorted = sorted( ➡
pref_count_dict.items(), ➡
key=lambda x:x[1], reverse=True)

for i in pref_count_sorted:
    print(i)
```

①空の辞書オブジェクトを生成します
②1行分の文字列をカンマで分割して、それぞれの変数に代入します
③文字列を整数に型変換して、大人の人数と子どもの人数を加算した数を求めます
④得られた都道府県情報がすでに辞書オブジェクトのキーに含まれるか調べます
⑤すでにある場合は値を加算します
⑥ない場合は、新しく追加します
⑦人数の多い順にソートします
⑧ソートした結果を出力します

➡は紙面の都合で折り返していることを表します。

実行結果

```
('東京都', 224)
('千葉県', 170)
('神奈川県', 148)
('埼玉県', 142)
(略)
('長野県', 6)
('沖縄県', 2)
```

都道府県と来館者数の組が、来館者の多い順にソートされています

str型の**split**メソッドを使用すると、文字列を特定の記号などで分割した結果を得ることができます（注❼-9）。区切った結果は、②のように記述することで、それぞれの変数に代入できます（注❼-10）。

1つのレコード（1行分のデータ）で得られる来館者数は、大人の来館者数**num_adult**と子どもの来館者数**num_children**の合計です。③では、文字列として取得した値を**int**型に変換して、足し合わせた値を**num_all**に代入しています。

都道府県ごとの集計は、都道府県名をキー、来館者数の合計を値とする辞書**pref_count_dict**を使用します。

①で**pref_count_dict = {}**と記述し、空の辞書を作成しています。このように辞書オブジェクトを生成しておかないと、要素の追加ができないためです。④では**in**演算子によって、レコードから取り出した都道府県をキーとする要素が存在するか確認し、あれば⑤**pref_count_dict[pref] += num_all**のように値を増やし、なければ⑥**pref_count_dict[pref] = num_all**のように、新しいキーと値のペアを追加します。キーが存在しないと、値に対する操作が行えないためです。

⑦では、辞書のキー（都道府県名）と値（訪問者数）のペアを格納したタプルを、値の大きい順に並べ替えています（注❼-11）。

最後に、並べ替えた結果を出力しています。各要素はタプルになっていることに注意しましょう。

以降では、この情報を基にグラフの作成を行います。

注❼-9
107ページで学習しました。

注❼-10
120ページで学習したアンパック代入の方法です。

注❼-11
このような並べ替えの方法は126ページのワン・モア・ステップ！「辞書の要素をsorted関数で並べ替える」で詳しく説明していますので確認してください。

matplotlibライブラリのセットアップ

matplotlib（マットプロットリブ）は、Pythonでグラフを作成する際に、広く使われているライブラリです。折れ線グラフや棒グラフ、積み上げ棒グラフ、3Dグラフなど、Excelで作成できるようなグラフを幅広くサポートしています。それぞれのグラフに対して、線の色や太さなどのスタイルやラベルなどを細かく指定することができます。

matplotlibはPythonに標準で含まれるものではないので、インストールされていない場合は、自分でインストールする必要があります。

付録Aの方法でWindowsにPythonをインストールした場合は、Windows PowerShellで次のように入力することで、インストール済みのライブラリとそのバージョンを一覧表示できます（注❼-12）。

KEYWORD
●matplotlib

注❼-12
pipはPythonのパッケージの管理を行うためのツールです。付録Aの方法でmacOSにPythonをインストールした場合は、「**pip**」の代わりに「**pip3**」とします。これ以降も同様です。

```
> pip list
Package          Version
--------------- ---------
beautifulsoup4  4.9.3
certifi          2020.11.8
chardet          3.0.4
cycler           0.10.0
idna             2.10
kiwisolver       1.3.1
matplotlib       3.3.3
（略）
```

この実行結果の中に、**matplotlib**があれば、すでにインストールされています。一覧で表示されるものが多すぎて探すのが難しい場合は、次のようにして、表示されるものを「**mat**」を含むものに絞り込むことができます（注❼-13）。

注❼-13
「| **grep** 文字列」を追加することで、指定した文字列が含まれるものだけに絞り込むことができます。

```
> pip list | grep mat
matplotlib       3.3.3
```

matplotlibがインストールされていない場合は、次のようにしてインストールできます。

```
> pip install matplotlib
```

これで**matplotlib**を使用する準備ができました。

matplotlibのドキュメントは、次のURLからアクセスできます。

https://matplotlib.org/contents.html

詳しい情報は、このドキュメントを参照するようにしましょう。

メモ

標準ライブラリにはない機能を追加するには、外部のライブラリをインストールします。

付録Aの方法でWindowsにPythonをインストールした場合は、コマンドラインに

```
> pip install ライブラリ名
```

と入力するだけで簡単に実現できます（注❼-14）。

高機能なライブラリであっても、このように簡単にセットアップし、気軽に使えるようにできています。このような状況がPythonをこれほどまでに人気のある言語に押し上げた理由の1つです。

注❼-14
付録Aの方法でmacOSにPythonをインストールした場合は、「**pip**」の代わりに「**pip3**」とします。学校や職場などで提供される開発環境によっては、ライブラリのインストール方法が異なる場合があります。

matplotlibライブラリを用いたグラフの作成

図❼-2に示したグラフは、List❼-11のプログラムコードで作成できます。はじめに、実際のプログラムコードを見てみましょう。

List❼-11　7-11/make_graph.py

```
import matplotlib
import matplotlib.pyplot as plt

pref_count_dict = {}
with open('data/visitor_record.txt', 'r', encoding='UTF-8') as f:
    for line in f:
        date, pref, num_adult, num_children = line.split(',')
        num_all = int(num_adult) + int(num_children)
        if pref in pref_count_dict:
            pref_count_dict[pref] += num_all
        else:
            pref_count_dict[pref] = num_all

pref_count_sorted = sorted(pref_count_dict.items(), key=lambda x:x[1], reverse=True)

labels = []
values = []
for l, v in pref_count_sorted:
    labels.append(l)
    values.append(v)
```

①必要なライブラリをインポートします（1～2行目）
都道府県名と訪問者数のタプルを、訪問者数でソートします（14行目）
②グラフのラベル（都道府県名）を格納するためのリスト（16行目）
③グラフの値（訪問者数）を格納するためのリスト（17行目）
ソート順にラベルと値を取り出します（18行目）
取り出したラベルと値をリストに格納します（19～20行目）

```
21:
22: matplotlib.use('Agg') ←④グラフをファイルに出力するために必要な記述です
23: plt.rcParams['font.family'] = 'Yu Gothic' ←⑤フォントの設定
24: plt.xticks(rotation=270) ←⑥ラベルを縦書きにします
25: plt.bar(range(0, len(pref_count_sorted)), ➡
 values, tick_26: label=labels)                ⑦グラフを作成します
26: plt.savefig('graph.png') ←⑧グラフを画像として保存します
```

➡は紙面の都合で折り返していることを表します。

①では、グラフを作成するために必要な**matplotlib**モジュールと**matplotlib.pyplot**モジュールをインポートしています。

ファイルを読み込み、訪問者数でソートするまでの部分（14行目まで）は、List❼-11と同じです。それ以降の処理で、グラフ描画のための処理を行います。

まず、②と③で、グラフのラベル（都道府県名）とグラフの値（訪問者数）を格納するためのリストを生成します。

続く**for**文で、それぞれのリストに**pref_count_sorted**の要素（注❼-15）を順番に格納します。

注❼-15
List❼-11の結果を確認してください。

これでデータの準備が済んだので、いよいよグラフ描画に関する処理を行います。④はグラフをファイルに出力するために必要な記述です。⑤でフォントの設定を行っています。Yu Gothic（游ゴシック）は、Windows、macOSともに標準的に使用できるフォントです。⑥でラベルを縦書きにするための設定（270度だけ回転させる設定）を行います。

続く⑦で、**bar**関数を用いて棒グラフの作成を行います。**bar**関数の第1引数で、横軸の値を指定します。今回は都道府県ごとの棒グラフを描くので、この値は意味を持ちません。一定の間隔で要素の数だけ数字が並べばよいので、0から「(要素数)-1」の値を**range**オブジェクトで指定します。第2引数では、値のリストを渡します。続くキーワード引数では横軸のラベルに使用する文字列を格納したリストを渡します。

最後に⑧で、作成した棒グラフをファイルに出力します。

実行すると、コンソールには何も表示されませんが、図❼-2に示したグラフの画像が**graph.png**というファイルに書き出されます。

今回、**bar**関数の引数には必要最低限の値しか渡していませんが、バーの幅や色、軸のメモリなど、細かい調整が可能です。詳しくはドキュメントを参照しましょう。

登場した主なキーワード

- `matplotlib`：Pythonでグラフを描画するために、広く使われているライブラリ。

まとめ

- `dict`型を使用して、データを集計することができます。
- `matplotlib`を使用して、グラフを描画することができます。

7-4 画像処理

学習のポイント

- 画像を扱う方法を学習します。
- OpenCVライブラリを使った画像処理の例を学びます。

画像処理

スマートフォンの登場によって、誰でも手軽に写真や動画を撮影できるようになりました。そのため、今ではデジタル形式の画像は私たちの身近なものになっています。それとともに、画像に対してサイズを変更したり、明るさを調整したりすることも一般的なことになってきました。このように、画像に対してなにかしらの処理を行うことを画像処理（がぞうしょり）といいます。

KEYWORD
- 画像処理
- 特徴検出
- 画像認識

画像処理には、画像の編集だけでなく、画像から特徴的な箇所を検出したり（特徴検出（とくちょうけんしゅつ））、写っているものを認識したり（画像認識（がぞうにんしき））など高度な処理も含まれます。これらの技術は、ロボットなどが物体を認識するための基礎技術として、目覚ましい発展をしています。

KEYWORD
- OpenCV

これらのプログラムコードを自分で書くのは難しいですが、OpenCV（オープンシーブイ）という画像処理のためのライブラリを使って、その技術の一端を誰でも手軽に使うことができます。ここでは、このOpenCVライブラリを活用して、簡単な画像編集と、画像から特徴を検出する例を学びます。

OpenCVライブラリのセットアップ

OpenCVは画像処理のための多機能なライブラリです。前節でmatplotlibライブラリに対して行ったのと同じように、OpenCVライブラリがインストールされているか確認し、インストールされていない場合は、コマンドプロンプトで次のようにしてインストールします。

```
> pip install opencv-python
```

OpenCVのドキュメントは次のURLにあります。

https://docs.opencv.org/

詳しくは、このドキュメントを参照するようにしましょう。

画像の読み込みと表示

はじめに、画像ファイルを読み込み、画面に表示してみましょう。

List❼-12のようなプログラムコードで、画像ファイルを画面に表示することができます。

List❼-12　7-12/show_image.py

```
import cv2  ←①cv2モジュールをインポートします

img = cv2.imread('data/block.jpg')  ←②画像ファイルを読み込みます
cv2.imshow('img', img)  ←③画像を表示します
cv2.waitKey(0)  ←④画像を表示したウィンドウで、何かキーが押されるのを待ちます
cv2.destroyAllWindows()  ←⑤ウィンドウを閉じます
```

実行結果

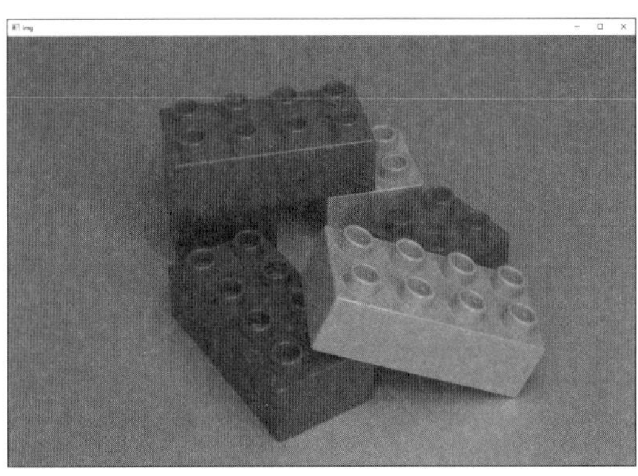

まず、OpenCVのcv2モジュールをインポートします（①）。こうすることで、cv2モジュールに含まれるさまざまな関数を使用できるようになります。②で、モジュール内のimread関数を使用して画像ファイルを読み込み、画像オブジェクトを取得します。引数にはファイルパスを指定します（注❼-16）。ここで使用しているblock.jpgファイルは本書で提供されるサンプルコードに含まれ

注❼-16
テキストファイルのときと同じように、相対パスまたは絶対パスでファイルを指定します。

ます。

③の**imshow**関数は、画像を画面に表示する関数です。第1引数にフレームに表示する文字列を指定し、第2引数に**imread**関数で取得した画像オブジェクトを渡します。

④と⑤は、アプリケーションを終了させるためのプログラムコードです。このように記述しておくと、画像が表示されているウィンドウを一度クリックし、何かのキーを押したときに、ウィンドウが閉じてアプリケーションが終了します。

画像処理とファイルの書き出し

続いて、サイズ変更、色の変更、そして画像からエッジ検出を行う例を見てみましょう。

■サイズの変更

サイズを変更するには**cv2**モジュールの**resize**関数を使用します。

resize関数には、サイズ変更に関していくつか指定できる引数がありますが、最もシンプルな使い方は次のようにして高さと幅をピクセル数（整数）で指定します。

書式❼-2 cv2.resize関数

```
cv2.resize(元画像, (幅, 高さ))
```
▶サイズを変更した画像オブジェクトを返す

読み込んだ画像の高さと幅（ピクセル数）は、次のように画像オブジェクトの**shape[0]**、**shape[1]**というインスタンス変数から取得できます。

```
img = cv2.imread('block.jpg')
height = img.shape[0]  ←画像の高さを取得します
width = img.shape[1]  ←画像の幅を取得します
```

この**height**と**width**の値を次のように使うことで、幅だけを半分にした画像を得ることができます。

```
resized_img = cv2.resize(img, (int(width/2), height))
```
↑サイズ変更後の幅に現在の幅の2分の1を指定しています

■色変換（グレースケール画像にする）

色変換を行うには、**cvtColor**関数を使用します。第2引数に**cv2.**COLOR_RGBA2GRAYという定数を指定すると、グレースケールに変換された画像オブジェクトを得ることができます。

書式❼-3 cv2.cvtColor関数

```
cv2.resize(元画像, cv2.COLOR_RGBA2GRAY)
```
▶グレースケールに変換した画像オブジェクトを返す

■エッジ検出

もう少し高度な画像処理として、エッジ検出という、物体の輪郭線を取り出す処理も試してみましょう。それには、**Canny**関数を使用します。**Canny**関数は、画像中で色の輝度の変化の大きなところを検出します。

書式❼-4 cv2.Canny関数

```
cv2.Canny(元画像, パラメータ1, パラメータ2)
```

Canny関数のパラメータ1と、パラメータ2は、どの程度の輝度の変化をエッジと判定するかを調整するための値です。パラメータ2の値が小さいほど、より小さな変化もエッジであると判定するようになるため、たくさんのエッジが検出されます。パラメータ1は、エッジを長くとるためのパラメータで、値が小さいほど長いエッジが抽出されるようになります。パラメータ1の値はパラメータ2の値よりも小さくします。

■画像の保存

画像をファイルに保存するには**imwrite**関数を使用します。

書式❼-5 cv2.imwrite関数

```
cv2.imwrite(ファイルパス, 画像オブジェクト)
```

それでは、これまでに説明した内容を組み合わせて、サイズ変換、グレースケールへの色変換、エッジ検出、ファイル保存を行ってみましょう。List❼-13は、これらの処理を行う例です。

List❼-13 7-13/image_processing.py

```
import cv2

img = cv2.imread('data/block.jpg')
height = img.shape[0]
width = img.shape[1]
resized_img = cv2.resize(img, (int(width/2), height))
cv2.imwrite('resized.jpg', resized_img)

gray_img = cv2.cvtColor(img, cv2.COLOR_RGBA2GRAY)
cv2.imwrite('gray.jpg', gray_img)

canny_img = cv2.Canny(img, 50, 100)
cv2.imwrite('canny.jpg', canny_img)
```

画像を読み込みます
画像の高さを取得します
画像の幅を取得します
幅を半分にサイズ変更します
サイズを変更した画像をファイルに保存します
グレースケールへ変換します
グレースケールに変換した画像をファイルに保存します
エッジ検出します
エッジ検出した結果をファイルに保存します

実行結果

サイズを変更した例（resized.jpg）

グレースケールにした例（gray.jpg）

エッジ検出をした例（canny.jpg）

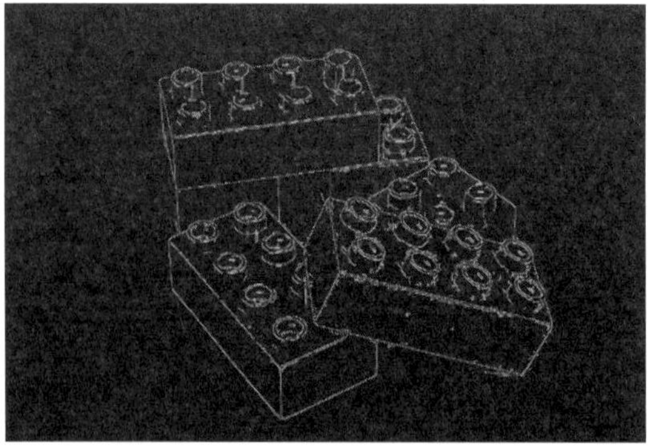

円の検出

これまでに**OpenCV**ライブラリで実現できることをいくつか見てきました。より高度な画像処理の例として、図❼-3のような標識の写った写真から、円形の標識部分のみを検出してみましょう。

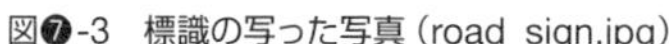
図❼-3 標識の写った写真(road_sign.jpg)

円の検出を行う前に、先ほど行ったグレースケールの画像生成とエッジ検出を済ませておきます。

その後、その画像に対して、**cv2**モジュールの**HoughCircles**関数を使って、円の検出を行います。**HoughCircles**関数からは、検出された円の情報が返されるので、それに基づいて、元の画像に円を上書きし、検出結果がわかるようにします。

それでは、具体的なプログラムコードを見てみましょう(List❼-14)。

List❼-14　7-14/circle_detect.py

```
import cv2
import sys

img = cv2.imread('road_sign.jpg')
gray_img = cv2.cvtColor(img, cv2.COLOR_ ➡
BGR2GRAY)
canny_img = cv2.Canny(gray_img, 600, 650)

circles = cv2.HoughCircles(canny_img, cv2. ➡
HOUGH_GRADIENT, dp=1, minDist=10, param1=700, ➡
 param2=27, minRadius=20, maxRadius=60)

if circles is None:
    sys.exit()

for (x, y, r) in circles[0]:
    cv2.circle(img, (int(x), ➡
int(y)), int(r), (0,255,0), 6)

cv2.imshow('detected circles', img)
cv2.waitKey(0)
cv2.destroyAllWindows()
```

処理を中断するexit関数を使用するためにインポートします

画像を読み込みエッジ検出までを済ませておきます

①円の検出を行います

②何も検出されなければ処理を終えます

③円の情報を1つずつ取り出します

④検出された円を画像に上描きします

円を検出した結果の画像を表示します

➡は紙面の都合で折り返していることを表します。

実行結果（3つの円を検出できています）

`HoughCircles`関数は、次のように多くの引数を指定する必要があります。

書式❼-6 HoughCircles関数

```
HoughCircles(対象とする画像, cv2.HOUGH_GRADIENT, dp, minDist,
param1, param2, minRadius, maxRadius)
```
▶検出された円の情報を返す

第2引数は、検出アルゴリズムを指定する定数である**cv2.HOUGH_GRADIENT**とします。第3引数以降は、次のような検出に用いられるパラメータで、それぞれの値によって、検出される円の数が異なる結果となります。

- **dp**……………… 画像分解能に関するパラメータ。通常は1～2程度の値を指定します。
- **minDist**……… 検出される円の中心間の最小距離
- **param1**………… エッジ検出で使用されるパラメータ
- **param2**………… 円の抽出に使用される閾値。小さいほどたくさん検出されます。
- **minRadius**…… 検出される円の最小半径
- **maxRadius**…… 検出される円の最大半径

①で指定している値は、ちょうど3つの標識が検出されるように調整したものです。自分で撮影した画像に対して、求める精度で円の検出が行われるようにするには、それぞれの値をいろいろ変更して試してみる必要があります。

HoughCircles関数の戻り値には円の情報が含まれます。1つも円が検出されなかった場合は、戻りが**None**になります。②では、戻り値が**None**の場合にプログラムを終了するようにしています。途中でプログラムを終了するには、**sys**モジュールの**exit**関数を使用します。

円が検出された場合は、円の情報（中心のx座標、中心のy座標、半径r）を③の**for**文で1つ1つ取り出すことができます。④では、この**x**、**y**、**r**の値に基づいて、次のようにして、元の画像の上に円を描画しています。

```
cv2.circle(img, (int(x), int(y)), int(r), (0,255,0), 6)
```

circle関数は、次のようにして指定された円を描画します。

書式❼-7 circle関数

```
cv2.circle(画像オブジェクト, (中心のx座標, 中心のy座標), 半径, 色情報, 線の太さ)
```

▶画像オブジェクトの上に、指定された中心、半径、色、線の太さで、円を描画する

色情報は、(R（赤）, G（緑）, B（青）)の各成分を0～255の整数で指定できます。

登場した主なキーワード

- **OpenCV**：Pythonで画像処理を行うライブラリ。

まとめ

- **OpenCV**ライブラリを使用することで、画像に対するさまざまな処理を行えます。
- サイズを変更するには、**resize**関数を使用します。
- エッジを抽出するには、**Canny**関数を使用します。
- 円を抽出するには、**HoughCircles**関数を使用します。

7-5 Webスクレイピング

学習のポイント

- Webページを構成するファイル群のうち、HTMLファイルには画面に表示されるテキスト情報が含まれます。
- HTMLファイルには、タグによって文書構造が記述されています。
- HTMLファイルのタグの構造を解析することで、目的とする情報を抽出する方法を学びます。

Webスクレイピングとは

KEYWORD
- Webページ
- HTMLファイル
- CSSファイル

KEYWORD
- タグ

現在では膨大な量の情報がWeb（ウェブ）ページとしてインターネット上に公開されています。普段私たちが見ているWebページは、情報を記載したHTML（エイチティーエムエル）ファイルと、デザインを定義するCSS（シーエスエス）ファイル、そして画像ファイルなど、複数のファイルから構成されています。

HTMLファイルはテキストファイルで、その中には文書構造を表すタグと、文書そのものが記述されています。タグは、前後を< >記号で囲ったもので、<タグ名>文字列</タグ名>という表記によって、文書のどの部分がタイトルで、どの部分が見出しなのか、どこからどこまでが1つの段落なのか、というような情報を提供します。

たとえば、次のような表記で、そのWebページのタイトルが「Python講座」であることを示します。

```
<title>        ← タイトルの開始を示すタグです
Python講座     ← タイトルを表す文字列です
</title>       ← タイトルの終了を表すタグです
```

タグの開始と終了は、<タグ名>と</タグ名>で表します。この間に文書（文字列）を記しますが、別のタグを入れて、タグを入れ子構造にすることができます。基本的なHTMLファイルは、次のような構造をしています。

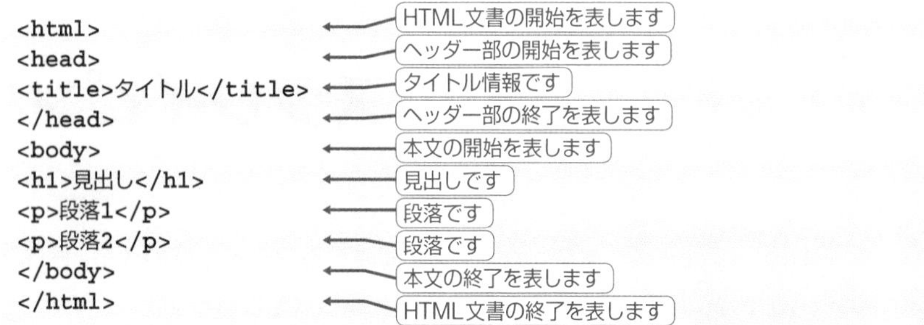

実際のHTMLファイルは、もっと複雑な構造をしています。具体的な様子は、ブラウザの「ページのソースを表示する」機能を使うことで確認できます。

このように、タグによって文書の構造が記されていることから、タグを解析することで、「タイトルだけ取得する」「先頭の見出しだけ取得する」といったように、必要な情報だけを抽出できるようになります。HTMLファイルから、タグを解析して、必要な情報を抽出することをWeb（ウェブ）スクレイピングといいます。

KEYWORD
- Webスクレイピング

一般に、Webページから必要な情報を取得するには、次のような手順で処理を行います。

1. インターネット上からHTMLファイルを取得する
2. HTMLファイルに含まれるタグの構造を見て、必要な情報が記述されている場所を特定する
3. HTMLファイルから必要な情報を取り出す

requestsライブラリとbeautifulsoup4ライブラリのセットアップ

KEYWORD
- `requests`
- `beautifulsoup4`

インターネットに公開されているファイルを取得する用途で`requests`（リクエスツ）ライブラリが広く使われています。`requests`ライブラリを使用することで、Webページを構成しているHTMLファイルを取得できます。また、HTMLファイルの内容を解析するには`beautifulsoup4`（ビューティフルスープフォー）ライブラリが広く使用されています。

以降では`requests`ライブラリと`beautifulsoup4`ライブラリを使用します。これまでの、`matplotlib`と`OpenCV`の例と同様に、ライブラリがすでにインストールされているか確認し、まだインストールされていない場合は、コマンドプロンプトで次のようにしてインストールしましょう。

```
> pip install requests
> pip install beautifulsoup4
```

HTMLファイルの取得

インターネット上にあるHTMLファイルの場所は、URLによって指定されます。URLの情報からHTMLファイルの取得を行うには、**requests**モジュールを使用します。

ここでは、例として、次のURLにある翔泳社の本のランキングのページを対象としてみます（図❼-4）。

https://www.shoeisha.co.jp/book/ranking

図❼-4　翔泳社の本のランキングのページ

requestsモジュールの**get**関数（注❼-17）を使用した、List❼-15のようなプログラムコードで、指定したURLに存在するHTMLファイルの中身を取得できます。

List❼-15　7-15/get_html.py

```
import requests

html = requests.get('https://www.shoeisha.co.jp/book/ ➡
ranking')
print(html.text)
```

➡は紙面の都合で折り返していることを表します。

注❼-17
プログラムでWebページの情報を取得する際には、短期間に大量のファイルにアクセスしてWebサーバーに負荷をかけることがないように気をつける必要があります。また、プログラムによる情報収集を拒否する旨を**robots.txt**というファイルに記述しているWebサイトもあります。詳しくは「Robots Exclusion Standard（ロボット排除規約）」をキーワードにして調べてみてください。

実行結果

```
<!DOCTYPE HTML>
<html>
<head>
<script>
var dataLayer = dataLayer || [];
  dataLayer.push({
    'trackPageview':'SECOJP/book/ranking',
    'member' : 'nonmember',
  });
</script>
(略)
```

実行すると、ブラウザでHTMLファイルの中身を表示したとき（注❼-18）と同じ内容が出力されます。このようにして取得できたHTMLファイルに対して、タグを解析して必要な情報を抽出するのが次のステップです。

注❼-18
ブラウザの「ページのソースを表示」機能によって、HTMLファイルの中身を見ることができます。

HTMLファイルの解析

HTMLファイルのタグを解析して情報を抽出するには、`BeautifulSoup`モジュールを使用します。

次のようにして、HTMLファイルの中身を渡して`BeautifulSoup`のオブジェクトを生成すると、あとは、そのオブジェクトからさまざまな方法で情報を抽出できます。

```
soup = BeautifulSoup(HTML文, 'html.parser')
```

たとえば、先ほどの`requests`モジュールで取得したWebページのタイトルを取得するには、List❼-16のようにします。

List❼-16 7-16/get_title.py

```
import requests
from bs4 import BeautifulSoup

result = requests.get('https://www.shoeisha.co.jp/book/➡
ranking')
soup = BeautifulSoup(result.text, 'html.parser')
print(soup.title)
```

①インスタンス変数であるtitleを参照すると、titleタグに囲まれた文字列が得られます

➡は紙面の都合で折り返していることを表します。

実行結果

```
<title>ランキング
|翔泳社の本</title>
```

BeautifulSoupオブジェクトには、HTMLのタグの情報がそのまま構造化されて格納されます。タグに囲まれたテキスト部分の情報は、そのタグ名をインスタンス変数名に指定することで参照できます。先ほどの例のように、**title**タグに囲まれた情報は、インスタンス変数の**title**を参照することで取得できます（①）。

インターネット上のHTMLファイルではなく、本書のサンプルに含まれるHTMLファイルなど、パソコン内部に保存されたHTMLファイルを読み込むには、7-2節で学習した**with**文によるファイルの読み込みと組み合わせてList❼-17のようにします。

List❼-17　7-17/get_title.py

```
from bs4 import BeautifulSoup

with open('data/ranking.html', 'r', encoding='UTF-8') as f:
    soup = BeautifulSoup(f.read(), 'html.parser')

print(soup.title)
```

①ファイルの中身を渡します

実行結果

```
<title>ランキング
|翔泳社の本</title>
```

①のように、ファイル入出力オブジェクトの**read**関数を用いることで、ファイルの中身全部を文字列として渡すことができます。

■書籍のタイトルを取り出す

今回は、ランキングのページから、各ジャンルで1位の書籍のタイトルを取り出してみましょう。そのためには、得られるHTMLファイルの中身を見て、欲しい情報がどのようなタグ構造の中に埋め込まれているかを確認します。

HTMLファイルの内容を見てみると、List❼-18のような構造をしています。ジャンルごとに**section**タグが設けられ、その中の**h2**タグの中にジャンル名が記載されています。また、**ul**タグの中にある先頭の**li**タグの中に、そのジャンルで1位の書籍タイトルが含まれていることを確認できます。

List❼-18 7-18/ranking.html

```
<section id="cate1">

  <h2>書籍ランキング</h2>

  <div class="newbooks">
      (略)
  </div>

  <div class="column">
    <ul class="list-unstyled">
      <li> <a href="xxx"><span class="date">1位</span> ➡
タイトル1 </a></li>
      <li> <a href="xxx"><span class="date">2位</span> ➡
タイトル2 </a></li>
          (略)
      <li> <a href="xxx"><span class="date">10位</span> ➡
タイトル10 </a></li>
    </ul>
  </div>

</section>
```

➡は紙面の都合で折り返していることを表します。

titleタグの情報のように、HTMLファイルの中に1つだけのものは簡単に参照できますが、上記のように同じタグが複数使われていたり、タグの構造が入れ子になっていたりする場合には工夫が必要になります。

はじめに、目的の場所の情報を取り出すプログラムコードを見てみましょう(List❼-19)。

List❼-19 7-19/extraction.py

```
import requests                  ←①必要なライブラリをimportします
from bs4 import BeautifulSoup

result = requests.get('https:// ➡
www.shoeisha.co.jp/book/ranking')
soup = BeautifulSoup(result.text, 'html.parser')   ←②BeautifulSoupのオブジェクトを生成します

for sec in soup.select('section'):   ←③sectionタグの中身を1つずつ取り出します
    if(sec.select_one('h2')):        ←④h2タグが存在するか調べます

        category = sec.select_one('h2').text   ←⑤最初のh2タグの中身をカテゴリ名として取り出します
        title = sec.select_one('ul').select_one('li').text   ←⑥最初のulタグの中の最初のliタグの中身を書籍のタイトルとして取り出します

        print('カテゴリ：', category)
        print('書籍名：', title[3:])   ←⑦文字列titleの4文字目以降を出力します
```

➡は紙面の都合で折り返していることを表します。

実行結果

```
カテゴリ： 書籍ランキング
書籍名： ゲームメカニクス大全　ボードゲームに学ぶ「おもしろさ」の仕掛け
カテゴリ： 電子書籍ランキング
書籍名： 独習Python
カテゴリ： コンピュータ入門書ランキング
書籍名： Excelパワーピボット　7つのステップでデータ集計・分析を「自動化」する本
カテゴリ： コンピュータ専門書ランキング
書籍名： Python 1年生　体験してわかる！会話でまなべる！プログラミングのしくみ
カテゴリ： 資格書ランキング
書籍名： 深層学習教科書 ディープラーニング G検定（ジェネラリスト） 公式テキスト
カテゴリ： ビジネス書ランキング
書籍名： THE MODEL（MarkeZine BOOKS） マーケティング・インサイドセールス・➡
営業・カスタマーサクセスの共業プロセス
カテゴリ： 福祉書ランキング
書籍名： 福祉教科書 介護福祉士 完全合格過去＆模擬問題集 2021年版
カテゴリ： デザイン書ランキング
書籍名： やってはいけないデザイン
カテゴリ： 実用書ランキング
書籍名： 暮らしの図鑑 民藝と手仕事　長く使いたい暮らしの道具と郷土玩具61×基礎知識➡
×楽しむ旅
```

➡は紙面の都合で折り返していることを表します。

はじめに、必要なライブラリを**import**します（①）。List❼-16と同様に、指定されたURLから取得したHTMLファイルの内容から、**BeautifulSoup**のオブジェクトを生成します（②）。

BeautifulSoupオブジェクトの**select**メソッドおよび**select_one**メソッドを使用することで、指定したタグの中身を取得できます。**select**メソッドは、タグが複数ある場合には、それらをリストに格納して返します。**select_one**メソッドは最初に登場するものだけを返します。これらのメソッドを繰り返し使用することで、タグの階層構造を巡回していくことができます。

③の**for**文で、すべての**section**タグの中身を順番に取り出します。④では、その中に、**h2**タグが含まれるか確認し、含まれる場合は最初の**h2**タグの中身をカテゴリ名であるものとして取得します（⑤）。続いて、**section**タグの中に含まれる、最初の**ul**タグ、その中の**li**タグを、ランキング1位の書籍タイトルとして取得しています（⑥）。

⑦では、書籍名の最初の3文字が「**1位　**」（2文字＋半角スペース）なので、スライス式による範囲指定（注❼-19）で、4文字目以降だけを出力するようにしています。

注❼-19
スライス式については134ページで説明しています。

このようにして、各カテゴリでランキング1位の書籍のタイトルを取得できました。

登場した主なキーワード

- **Webスクレイピング**：インターネット上のWebページから、欲しい情報を取り出すこと。
- **HTMLファイル**：タグを使って、Webページの情報を記述したもの。
- **CSSファイル**：Webページのデザインの定義を記述したもの。

まとめ

- インターネット上のWebページから、欲しい情報を取り出すことをWebスクレイピングと呼びます。
- HTMLファイルを取得するためには、**requests**ライブラリを使用します。
- HTMLファイルの構造を解析して必要な情報を取り出すために、**beautifulsoup4**ライブラリを使用します。

練習問題

7.1 List❼-Aは、リストに含まれる文字列を1つだけ出力します。どの文字列を出力するかは、ユーザーが入力する値をインデックスに使用して決めます。入力した値が0、1、2のいずれかの場合には正しく動作しますが、そうでない場合には、エラーが発生してしまいます。

List❼-A 7-P01/exception.py

```
l = ['リンゴ', 'バナナ', 'オレンジ']
a = input('好きな整数を入力してください:')
print(l[int(a)])
```

実行結果1

```
好きな整数を入力してください:2
オレンジ
```

実行結果2

```
好きな整数を入力してください:a
Traceback (most recent call last):
  File "7-P01¥exception.py", line 3, in <module>
    print(l[int(a)])
ValueError: invalid literal for int() with base 10: 'a'
```

実行結果3

```
好きな整数を入力してください:5
Traceback (most recent call last):
  File "7-P01¥exception.py", line 3, in <module>
    print(l[int(a)])
IndexError: list index out of range
```

try〜except構文を使用して、次のような例外処理をList❼-Aに追加してください。

- 入力した値が数字でない場合には「数字が入力されませんでした」と出力する(【ヒント】ValueErrorという例外が発生します)
- 数字であってもインデックスの範囲を超えている場合には、「範囲外の値が入力されました」と出力する(【ヒント】IndexErrorという例外が発生します)

7.2 7-2節で学習した内容を参考にして、List❼-4 (212ページ) のvisitor_record.txt (注❼-20) に含まれるデータから、最も来館者数の多かった日と、その日の来訪者数を出力するプログラムを作成してみましょう。

注❼-20
サンプルデータのdataフォルダにあります。

7.3 List❼-13 (230ページ) を使って、自分で撮影した画像に対して、サイズ変更やエッジ検出などを行ってみましょう。パラメータを変えて様子を観察しましょう。他にもOpenCVにどのような機能があるか調べて実験してみましょう。

7.4 List❼-19 (240ページ) を改変して、各カテゴリでランキング1位の書籍タイトルを抽出するのではなくて、書籍のURLを抽出するようにしてみましょう。ただし、HTMLファイルはインターネットから取得するのではなくて、List❼-17 (239ページ) を参考に、サンプルフォルダに含まれるranking.htmlファイルを使用するようにしましょう。

【ヒント】ランキング1位の書籍に関する箇所は、次のようなタグの構造をしています。抽出するURLはxxxの箇所です。

```
<li> <a href="xxx"><span class="date">1位</span>書籍のタイトル ➡
</a></li>
```

➡は紙面の都合で折り返していることを表します。

select_one('a')で、リンク用のaタグの中身が取得できます。select_one('a').get('href')とすると、そのタグの中のhrefの値(つまり求めるURL)を取得できます。

付録 A

Windows Pythonのインストールとサンプルプログラムの実行

ここでは、Windows上でPythonをインストールする方法と、インストールしたPythonを対話モードで実行する方法、および、ファイルに保存して実行する方法を説明します。

Pythonのインストール

Pythonの最新版は、オフィシャルサイト

https://www.python.org/

からダウンロードできます。以下では、執筆時点における最新版のPython 3.9.4をWindows 10にインストールする手順を説明します。

1. Pythonのオフィシャルサイトにアクセスし、「Downloads（ダウンロード）」にマウスカーソルを重ねたときに表示されるメニューの画面上にある［Python 3.9.4］ボタンを押します（画面A-1）。すると、インストーラーのダウンロードが始まります。インストーラーのファイル名は「`python-3.9.4-amd64.exe`※」です。

   画面A-1　インストーラーのダウンロード

   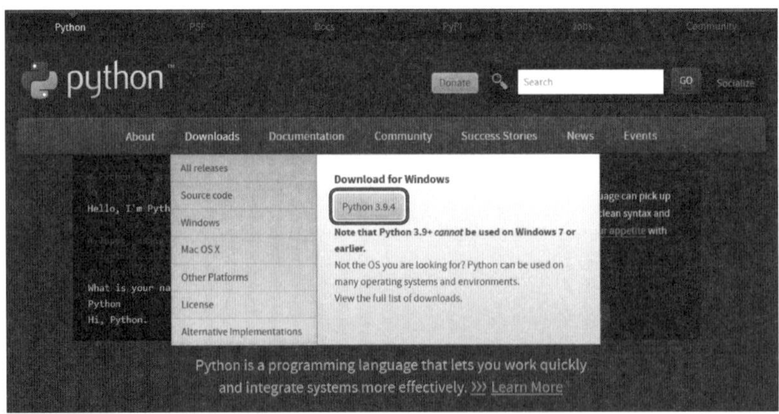

※　バージョンによってファイル名が異なります。

2.　ダウンロードしたファイルを実行すると、インストーラーが起動します。画面の一番下にある①「Add Python 3.9 to PATH」をチェックして、②［Install Now］を押します（画面A-2）。

画面A-2　インストールの開始

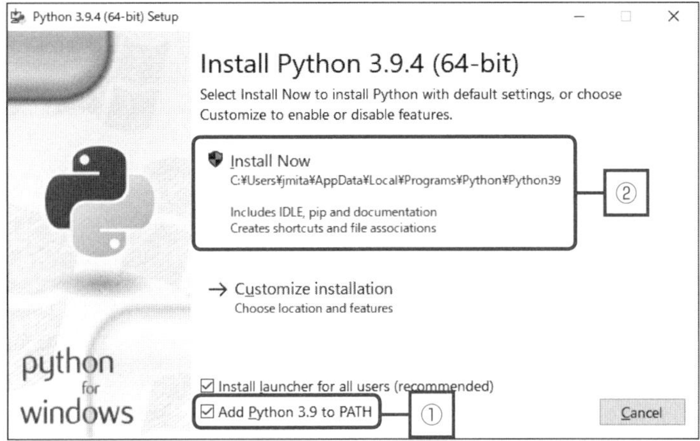

3.　インストールすることを確認するダイアログが表示されるので、［はい］を選択するとインストールが開始します（画面A-3）。

画面A-3　インストール中の画面

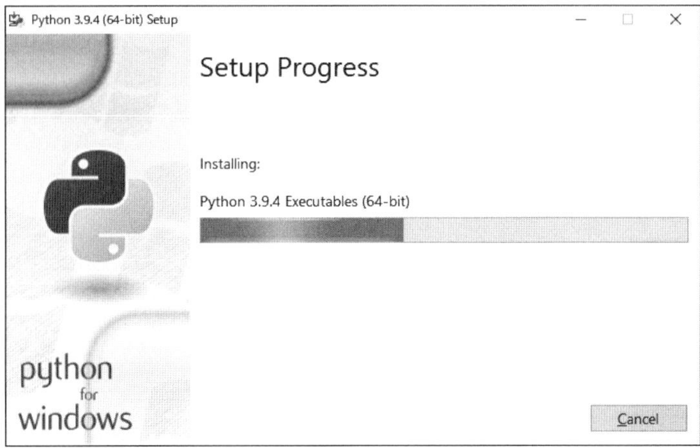

4. 画面A-4が表示されたらインストール完了です。[Close] ボタンを押してインストーラーを終了します。

画面A-4 インストールの成功

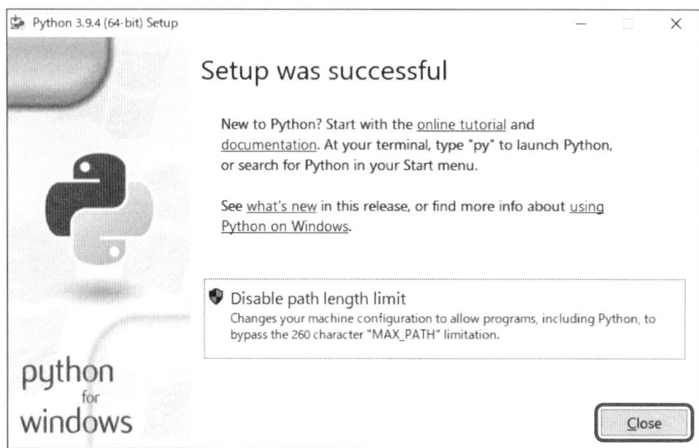

PowerShellによる対話モードの実行

Windows上で使用できるWindows PowerShellで、Pythonを対話モードで実行するには、以下の手順を行います。

1. タスクバーにあるWindowsメニュー（）を右クリックして、表示される一覧から「Windows PowerShell」を選択します（画面A-5）。

画面A-5 Windows PowerShellの起動

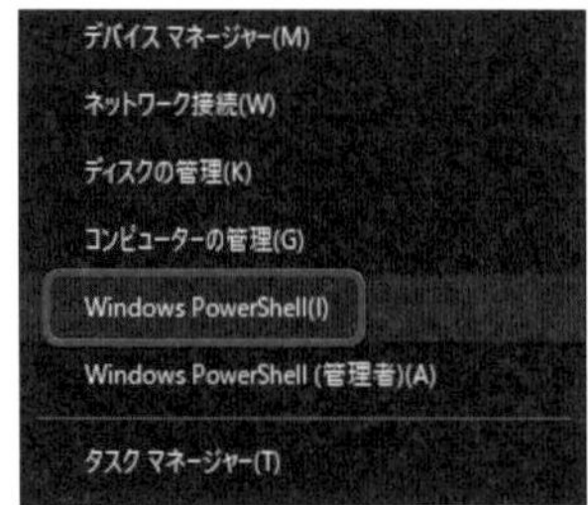

2. Windows PowerShellの画面に「`python`」と入力し Enter キーを押します。するとPythonのインタラクティブシェルが開始します（画面A-6）。

画面A-6　Pythonのインタラクティブシェルの開始

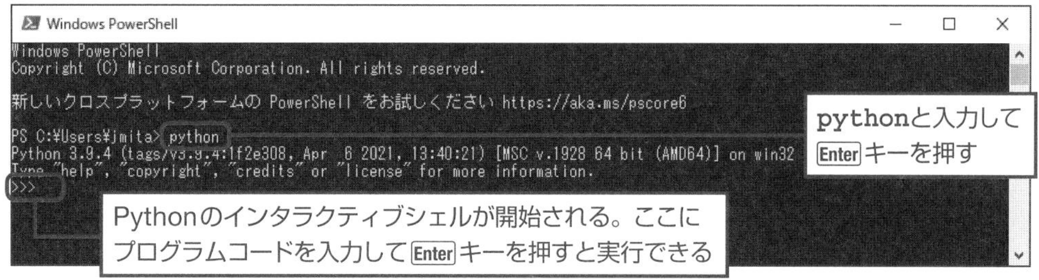

3. 終了するときは、「**exit()**」と入力してPythonのインタラクティブシェルを終了します。続いて、「**exit**」と入力してPowerShellを終了します。

ファイルに保存したプログラムの実行

ファイルに保存したPythonのプログラムコードを実行するには、以下の手順を行います。

1. 例として、次のPythonのプログラムコードを記述したファイルを作成します。

```
print('Hello Python')
```

使用するアプリは、テキストファイルを作成できるものなら、なんでもかまいません。ファイルを保存するときに、文字コードを**UTF-8**、拡張子を**.py**にします。Windowsに標準で備わっている「メモ帳」を使用する場合は、ファイルを保存するダイアログで画面A-7のようにします（画面A-7）。

画面A-7　文字コードで「UTF-8」を選択（メモ帳）

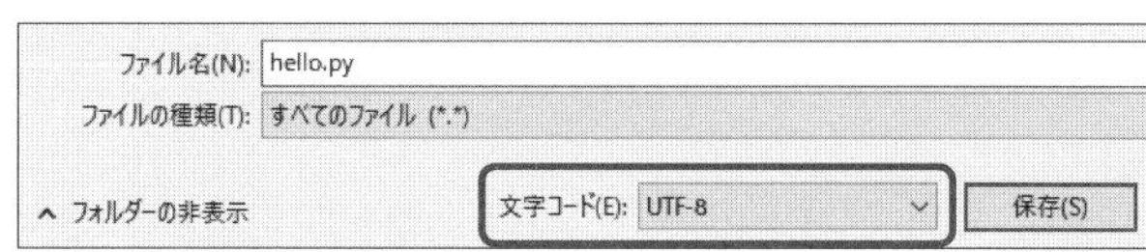

2. 246ページ「PowerShellによる対話モードの実行」で説明した方法で、Windows PowerShellを起動し、ファイルを保存したフォルダまで移動します。たとえば、Cドライブの「**python**」というフォルダにファイルを保存した場合は、「**cd C:¥python**」と入力します。PowerShellの画面には次のように表示されます。

```
PS C:¥Users¥py> cd C:¥python    ←ファイルを保存したフォルダのパスを入力します
PS C:¥python>
```

3. 続いて、「python ファイル名」と入力すると、指定したファイルに記述されたプログラムコードが実行されます（画面A-8）。

画面A-8 hello.pyの実行結果

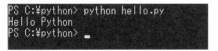

```
PS C:¥python> python hello.py
Hello Python
PS C:¥python>
```

メモ

ファイルを保存したフォルダのパスの取得方法

プログラムコードを保存したフォルダをエクスプローラーで開き、アドレスバーをクリックすると、そのフォルダのパスが表示されます（画面A-9）。これを選択してコピー（Ctrl＋Cキー）すると、PowerShellに右クリックで入力することができます。

画面A-9 ファイルを保存したフォルダのパスの取得

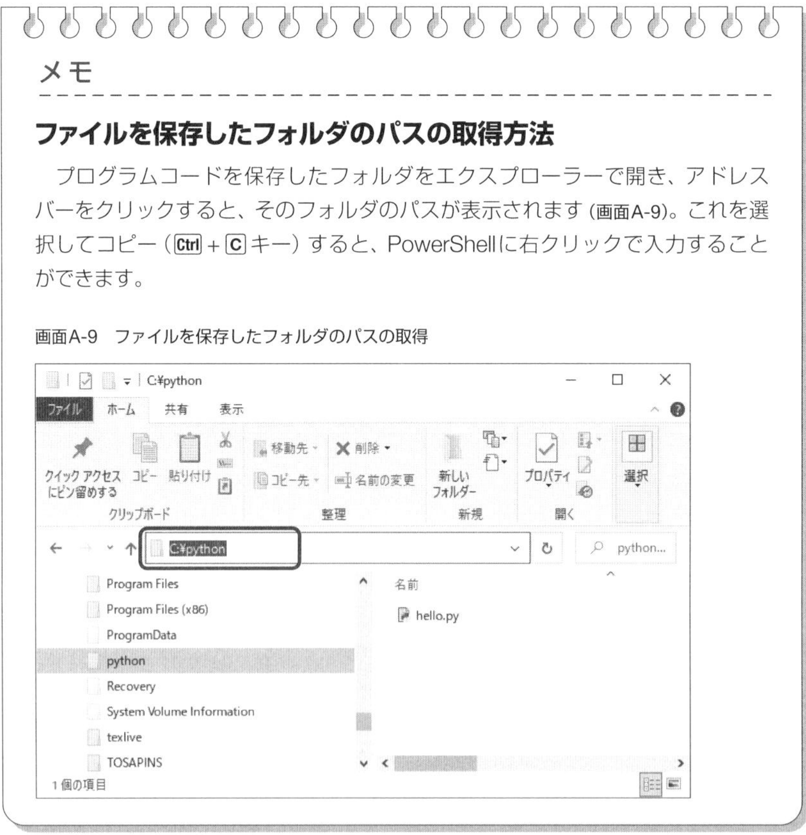

付録 B

macOS Pythonのインストールとサンプルプログラムの実行

ここでは、macOS上でPythonをインストールする方法と、インストールしたPythonを対話モードで実行する方法、および、ファイルに保存して実行する方法を説明します。

Pythonのインストール

Pythonの最新版は、オフィシャルサイト

https://www.python.org/

からダウンロードできます。以下では、執筆時点における最新版のPython 3.9.4をmacOSにインストールする手順を説明します。

1. Pythonのオフィシャルサイトにアクセスし、「Downloads（ダウンロード）」にマウスカーソルを重ねたときに表示されるメニュー上にある「Python 3.9.4」のボタンをクリックします（画面B-1）。すると、インストーラーのダウンロードが始まります。インストーラーのファイル名は「**python-3.9.4-macosx10.9.pkg**[※1]」です。

画面B-1　インストーラーのダウンロード

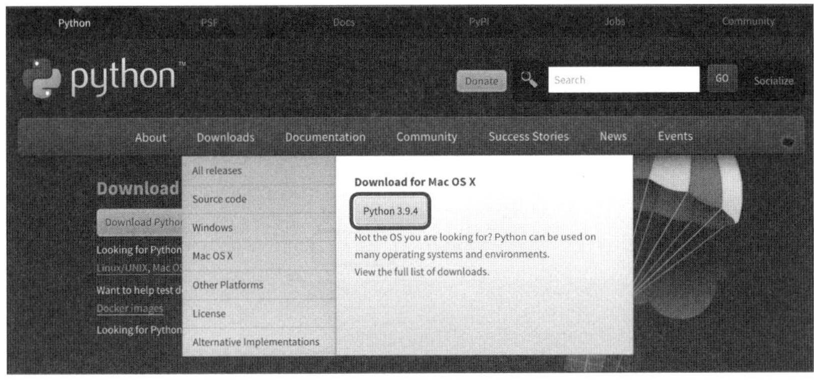

※1　バージョンによってファイル名が異なります。

2. ダウンロードしたファイルを実行すると、インストーラーが起動します。画面右下にある［続ける］ボタンを押します（画面B-2）。続いて表示される「大切な情報」画面と「使用許諾契約」画面でも［続ける］ボタンを押します。すると、同意を確認する画面が表示されるので［同意する］を押します（画面B-3）。

画面B-2　インストールの開始

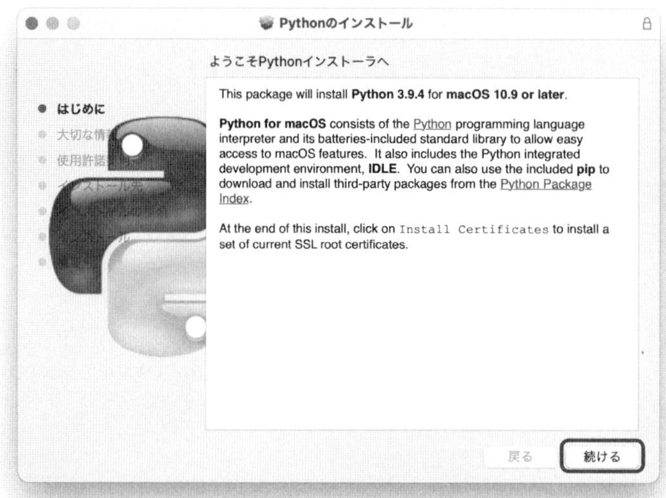

画面B-3　「使用許諾契約」に同意する

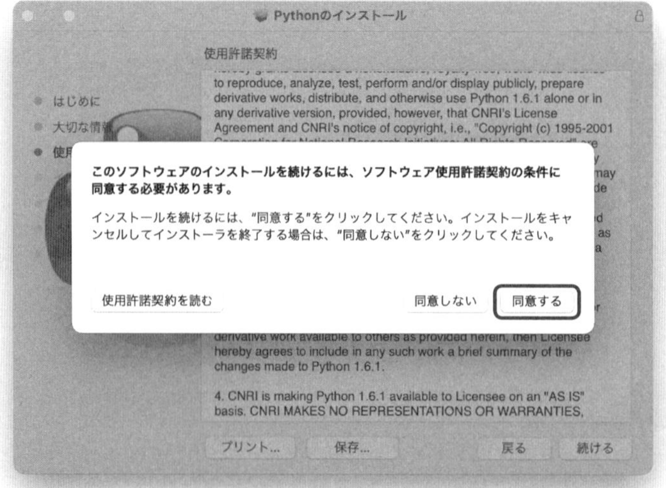

3. インストール先を選択する画面が表示されます（画面B-4）。インストール先を選び［続ける］ボタンを押します。そして、次に表示される画面で［インストール］ボタンを押すことでインストールが開始されます。

画面B-4 インストール先の選択

4. 画面B-5が表示されたらインストール完了です。［閉じる］ボタンを押してインストーラーを終了します。

画面B-5 インストールの成功

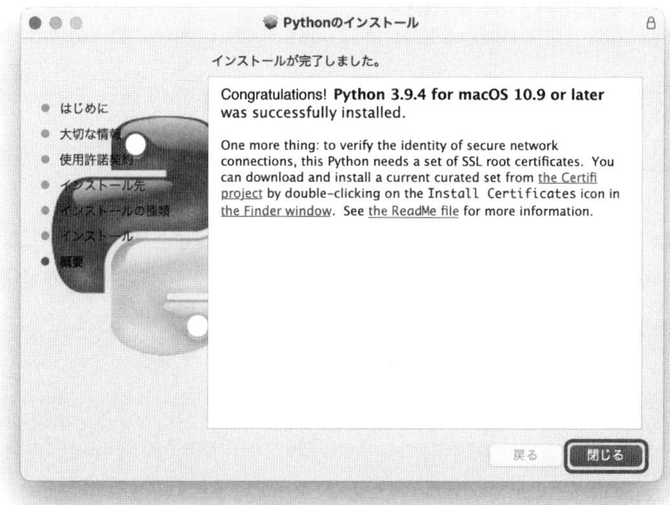

ターミナルによる対話モードの実行

ターミナルでPythonを対話モードで実行するには、以下の手順を行います。

1. キーボードで command ＋ （スペースバー）を押してSpotlight検索を開き、「ターミナル」と入力します。表示された「ターミナル」アプリケーションをクリックして起動します（画面B-6）。

画面B-6　ターミナルの起動

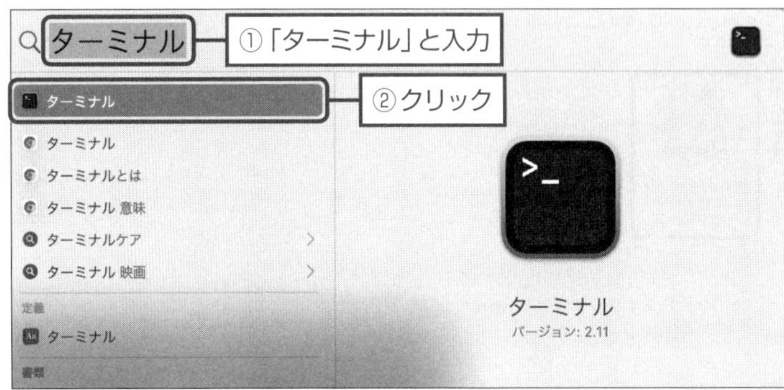

2. ターミナルの画面に「**python3**」と入力します。するとPythonのインタラクティブシェルが開始します（画面B-7）※2。

画面B-7　Pythonのインタラクティブシェルの開始

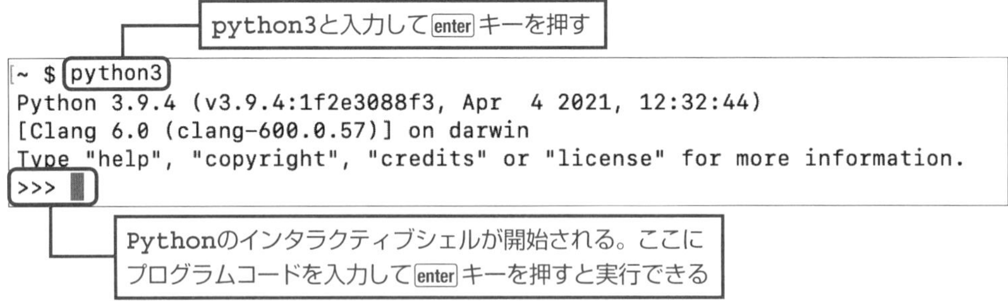

3. 終了するときは、「**exit()**」と入力してインタラクティブシェルを終了します。ターミナルを終了させるには、メニューバー左上にある［ターミナル］をクリックし［ターミナルを終了］を選ぶか、キーボードで command ＋ Q を押します。

※2 MacにはあらかじめPythonがインストールされているため「**Python**」と入力してもインタラクティブシェルが開始しますが、先ほどインストールしたものとはバージョンが異なります。第7章で紹介している、ライブラリの管理に用いる「**pip**」コマンドも、同様の理由から「**pip3**」と入力して実行します。

ファイルに保存したプログラムの実行

ファイルに保存したPythonのプログラムコードを実行するには、以下の手順を行います。

1. 例として、次のPythonのプログラムコードを記述したファイルを作成します。

```
print('Hello Python')
```

使用するアプリは、テキストファイルを作成できるものならなんでもかまいません。ファイルを保存するときに、文字コードをUTF-8、拡張子を`.py`にします。

macOSにあらかじめ備わっているテキストエディット※3を使用する場合は、メニューバーにある［テキストエディット］から［環境設定］をクリックし、［フォーマット］を［標準テキスト］に変更してから（画面B-8）起動しなおします。ファイルを保存する際には、文字コードにUTF-8を指定し、ファイルの拡張子を`.py`にして保存します。ここでは「書類」の中に「`Python`」という名前のフォルダを作成し、その中に「`hello.py`」という名前で保存したとします（画面B-9）。

画面B-8　環境設定

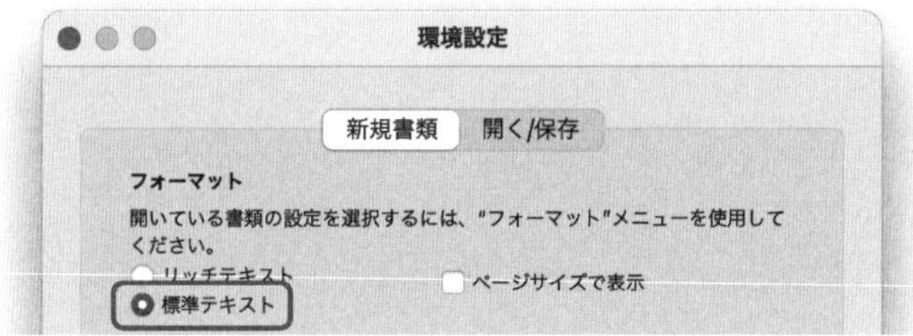

画面B-9　「書類」の中に「`Python`」フォルダを作成して「`hello.py`」を保存

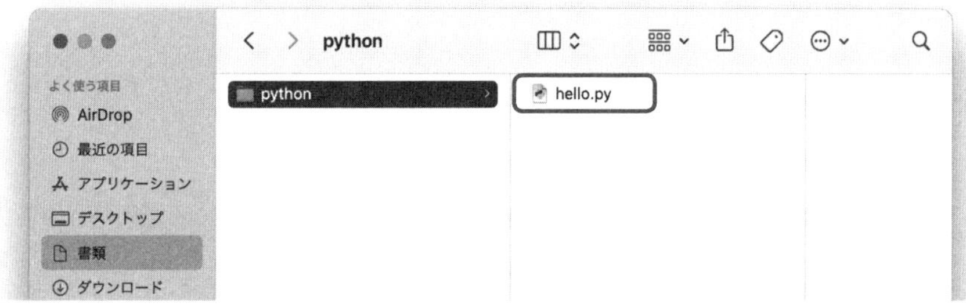

※3　Finderの「アプリケーション」から起動できます。

2. 252ページ「ターミナルによる対話モードの実行」で説明した方法でターミナルを起動し、「cd Documents/python」と入力します。ターミナルの画面には次のように表示されます。

```
ユーザ名@コンピュータ名 ~ % cd Documents/python
ユーザ名@コンピュータ名 ~/Documents/python %
```

3. 続いて、「python3 hello.py」と入力すると、次のようにプログラムコードが実行されます。

```
ユーザ名@コンピュータ名 ~/Documents/python % python3 hello.py
Hello Python
```

pipコマンドの実行

本書の第7章で紹介しているpipコマンドをmacOSで実行する際には、「pip」と入力する代わりに「pip3」と入力します。

付録 C

練習問題の解答

※ 解答がプログラムの場合、それは解答の一例です。ほかにも適正な動作をする書き方があることもあります。

※ リスト中の「➡」は、紙面の都合で折り返していることを表します。

第 1 章

1.1 （1）× 機械語に翻訳してから実行されます

（2）× 大文字と小文字は区別されます

（3）○

（4）× 文字列の前後をシングルクォーテーションまたはダブルクォーテーションで囲む必要があります。

（5）○

1.2 空欄（1）(b)

空欄（2）(a)

空欄（3）(f)

空欄（4）(d)

1.3 （1）

```
>>> 1 + 2 + 3 + 4
10
```

（2）

```
>>> 2 + 3 * 2
8
```

(3)

```
>>> (2 + 3) * 2
10
```

(4)

```
>>> 10 / 2.5
4.0
```

(5)

```
>>> 3 / 0
Traceback (most recent call last):
  File "<stdin>", line 1, in <module>
ZeroDivisionError: division by zero
```

0で割ることはできないのでエラーメッセージが表示されます

1.4 (1)

```
>>> b = 5
>>> print(b)
5
```

(2)

```
>>> c = 'Python'
>>> print(c)
Python
```

第2章

2.1 (1) × 変数には異なる型の値を自由に代入できます。

(2) × `int`型の値を`float`型に型変換しなくても加算できます。

(3) ○

(4) × `3.8`の小数点以下を切り捨てた値である`3`になります。

2.2 (1) `100 // 9`

(2) `1000 % 7`

(3) `3 ** 5`

2.3　(1) `a += 5`

(2) `b -= 6`

(3) `c *= a`

(4) `d /= 3`

(5) `e %= 2`

2.4　(1) 9

(2) 4

(3) 1

(4) XXXYYY

2.5　2行目を次のようにします

```
print('私は' + str(age) + '歳です。')
```

フォーマット文字列を使う場合は次のようにします。

```
print(f'私は{age}歳です。')
```

2.6

```
>>> import math
>>> print(math.cos(math.radians(120)))
-0.4999999999999998
```

2.7　省略

第3章

3.1　(1) `a == b`

(2) `a != b`

(3) `b < c`

(4) `a <= b`

(5) `c >= b`

3.2

```
if a % 3 == 0:
    print('3で割り切れます')
else:
    print('3で割り切れません')
```

3.3 （1）

while文

```
total = 0
i = 10
while i < 21:
    total += i
    i += 1

print(total)
```

for文

```
total = 0
for i in range(10, 21):
    total += i

print(total)
```

（2）

```
total = 0
for i in range(10, 21):
    if i == 15:
        continue
    total += i

print(total)
```

3.4 （1）`a == 5 or a == 8`

（2）`a <= b and c <= b`

（3）`a > 1 and a < 10 and a != 5`

[別解] `(1 < a < 10) and (a != 5)`

（4）`(a == b or a == c) and a != d`

3.5

```
if i > 60:
    count += 1
```

第4章

4.1　空欄（1）オブジェクト

空欄（2）インスタンス

空欄（3）メソッド

空欄（4）同値

空欄（5）同一

4.2

```
[n * n for n in range(1, 11)]
```

4.3　（1）辞書　（2）セット　（3）タプル　（4）リストとタプル

4.4

		変更可能 （ミュータブル）	反復可能 （イテラブル）	順序を持つ （シーケンス型）
int float bool	数値、真偽値	×	×	×
str	文字列	×	○	○
list	リスト	○	○	○
tuple	タプル	×	○	○
dict	辞書	○	○	×
set	セット	○	○	×

第5章

5.1　空欄（1）（c）

空欄（2）（a）

空欄（3）（f）

空欄（4）（d）

空欄（5）（e）

空欄（6）（b）

5.2 （2）、（3）、（4）、（6）、（7）

5.3 （1）解答例

```
def print_hello(count):
    for i in range(0, count):
        print('Hello')

print_hello(3)
```

別解

```
def print_hello(count):
    print('Hello¥n' * count)

print_hello(3)
```

（2）解答例

```
def get_rectangle_area(width, height):
    return width * height

print(get_rectangle_area(10, 5))
```

（3）解答例

```
def get_message(name='名無し'):
    return f'こんにちは{name}さん'

print(get_message())
print(get_message('山田'))
```

（4）解答例

```
def get_absolute_value(value):
    if value < 0:
        return -value
    return value

print(get_absolute_value(5.2))
print(get_absolute_value(-3.3))
```

別解 `abs(引数)` という、絶対値を返す組み込み関数があるので、これを使用することもできます。

（5）解答例

```
def get_tail(*args):
    return args[-1]

print(get_tail(3, 5, 9, 2))
```

インデックスに`-1`を指定すると、リストの末尾の要素を取得できます。

第6章

6.1　空欄（1）（d）

空欄（2）（b）

空欄（3）（e）

空欄（4）（f）

6.2　（1）

空欄（A）

```
def print_info(p):
    print('名前', p.name)
    print('年齢', p.age)
```

空欄（B）

```
print_info(a)
```

（2）

空欄（A）

```
def age_check(p, i):
    return p.age > i
```

空欄（B）

```
print(age_check(a, 20))
```

（3）

空欄（A）

```
def print_younger_person_name(p1, p2):
    if p1.age <= p2.age:
        print(p1.name)
    else:
        print(p2.name)
```

空欄（B）

```
print_younger_person_name(a, b)
```

（4）

空欄（A）

```
def get_total_age(p1, p2):
    return p1.age + p2.age
```

空欄（B）

```
print(get_total_age(a, b))
```

6.3 クラスメソッドはクラスが持つメソッドで、インスタンスを生成しなくても呼び出すことができるという特徴があります。「クラス名.メソッド名(引数)」という記述で呼び出すことができます。

6.4 （1）

```
    def get_area(self):
        return self.width * self.height
```

（2）

```
    def is_larger(self, rect):
        return self.get_area() > rect.get_area()
```

6.5 （1）[x]

（2）[x.a]

（3）[x.b]

（4）[x]
[y]

（5）**[y.a]**

[x.a]

（6）**[x.b]**

第7章

7.1 List❸-1　7-P01/exception_answer.py

```
l = ['リンゴ', 'バナナ', 'オレンジ']
a = input('好きな整数を入力してください:')
try:
    print(l[int(a)])
except ValueError:
    print('数字が入力されませんでした')
except IndexError:
    print('範囲外の値が入力されました')
```

7.2 List❸-2　7-P02/day_count_answer.py

```
# 日付ごとに訪問者を格納するための辞書
day_count_dict = {}

with open('data/visitor_record.txt', 'r', encoding='UTF-8') as f:
    for line in f:
        date, pref, num_adult, num_children = line.split(',')
        num_all = int(num_adult) + int(num_children)

        # 日付ごとに訪問者数を加算
        if date in day_count_dict:  # キーがあれば値を変更
            day_count_dict[date] += num_all
        else:                        # キーがなければ要素を作成
            day_count_dict[date] = num_all

# 訪問者数でソート
day_count_sorted = sorted(day_count_dict.items(), key=lambda x:x[1], ➡
reverse=True)

# ソート済みの先頭の要素を出力
print(day_count_sorted[0])
```

➡は紙面の都合で折り返していることを表します。

実行結果

```
('2021-07-25', 108)
```

7.3 略

7.4 List❸-3 7-P03/extraction_answer.py

```
from bs4 import BeautifulSoup

with open('data/ranking.html', 'r', encoding='UTF-8') as f:
    soup = BeautifulSoup(f.read(), 'html.parser')

for sec in soup.select('section'):
    if(sec.select_one('h2')):
        category = sec.select_one('h2').text
        url = sec.select_one('ul').select_one('li').select_one('a').get(➡
'href')

        print('カテゴリ：', category)
        print('書籍のURL：', url)
```

➡は紙面の都合で折り返していることを表します。

実行結果

```
カテゴリ： 書籍ランキング
書籍のURL： https://www.shoeisha.co.jp/book/detail/9784798158167
カテゴリ： 電子書籍ランキング
書籍のURL： https://www.shoeisha.co.jp/book/detail/9784798161075
カテゴリ： コンピュータ入門書ランキング
書籍のURL： https://www.shoeisha.co.jp/book/detail/9784798161181
カテゴリ： コンピュータ専門書ランキング
書籍のURL： https://www.shoeisha.co.jp/book/detail/9784798153193
カテゴリ： 資格書ランキング
書籍のURL： https://www.shoeisha.co.jp/book/detail/9784798157559
カテゴリ： ビジネス書ランキング
書籍のURL： https://www.shoeisha.co.jp/book/detail/9784798158167
カテゴリ： 福祉書ランキング
書籍のURL： https://www.shoeisha.co.jp/book/detail/9784798163291
カテゴリ： デザイン書ランキング
書籍のURL： https://www.shoeisha.co.jp/book/detail/9784798145938
カテゴリ： 実用書ランキング
書籍のURL： https://www.shoeisha.co.jp/book/detail/9784798164878
```

索　引

著者紹介

三谷 純（みたに じゅん）

筑波大学システム情報系教授。コンピュータ・グラフィックスと折り紙に関する研究に従事。
1975年静岡県生まれ。2004年東京大学大学院博士課程修了、博士（工学）。
小学生のころからプログラミングに熱中。大学時代に本格的にプログラミングを学び、Java、C/C++、PHP、JavaScriptなどによるプログラムを多数開発。その後、CG分野における、さまざまな研究開発に取り組んできた。
主な著書に『Java 第3版 入門編 ゼロからはじめるプログラミング』『Java 第3版 実践編 アプリケーション作りの基本』（2021年・翔泳社）、『立体折り紙アート』（2015年・日本評論社）がある。

装丁：イイタカデザイン 飯高 勉
組版：有限会社 風工舎 川月 現大

学習用教材のダウンロードについて
下記URLのページより、本書を授業などで教科書として活用していただくことを前提に作成した学習教材（スライド等）をダウンロードできます。大学や専門学校、または企業などで本書を教科書として採用された教員・指導員の方をはじめ、どなたでも自由にご使用いただけます。
https://mitani.cs.tsukuba.ac.jp/book_support/python/

プログラミング学習シリーズ
Python（パイソン）
ゼロからはじめるプログラミング

2021年 5月24日 初版第1刷発行

著　者　三谷 純（みたに じゅん）
発行人　佐々木 幹夫
発行所　株式会社 翔泳社（https://www.shoeisha.co.jp）
印刷・製本　日経印刷 株式会社

ISBN978-4-7981-6946-0 Printed in Japan